FRANÇOIS DAMILANO / SOPHIE LAVAUD

LES QUATORZE 8000

DE SOPHIE LAVAUD

Glénat

8000

François Damilano

Guide de haute montagne, **François Damilano** est considéré comme l'une des figures de proue de l'âge d'or de l'escalade sur les cascades gelées. Passionné par l'écriture et l'image, il est l'auteur de multiples ouvrages et articles sur l'alpinisme. Après avoir participé comme grimpeur à de nombreux films et émissions de télévision, il s'est saisi de la caméra pour réaliser ses propres documentaires. Trois d'entre eux témoignent du parcours iconoclaste de Sophie Lavaud : *On va marcher sur l'Everest* (2014), *K2 - Une Journée particulière* (2016), *Le Dernier sommet* (2024). François Damilano vit à Chamonix.

Sophie Lavaud

En parvenant au sommet du Nanga Parbat (8 126 m) le 26 juin 2023, **Sophie Lavaud** est devenue LE premier Français, LE premier Canadien et la première Suissesse à gravir les quatorze sommets de plus de 8 000 mètres. Elle a débuté sa carrière dans l'hôtellerie de luxe, puis dans l'univers de la cosmétique. Sophie Lavaud a dirigé ensuite avec son frère une société d'organisation d'événements dans le domaine de la finance, avant d'opérer un virage à 180°, à 36 ans. Aujourd'hui, elle partage son temps entre l'himalayisme et l'activité de conférencière. Elle est ambassadrice de Terre des hommes et RECCO. Sophie Lavaud soutient et organise des formations au Népal et au Pakistan.
En collaboration avec Didier Chambaretaud, elle a publié *Une femme, sept sommets, dix secrets* (éditions Favre, 2019). Elle vit près de Genève, en Suisse.

Photographie de couverture : Versant népalais, la pyramide caractéristique de l'Everest, le col Sud et la face glaciaire du Nuptse dominent le glacier du Khumbu. L'itinéraire classique d'ascension du Toit du monde remonte le glacier, franchit le redoutable *icefall* pour rejoindre la combe Ouest (invisible sur la photo), le col Sud puis l'arête sud qui se découpe sur le ciel.
© Jocelyn Chavy
Quatrième de couverture : © François Damilano
Croquis originaux des sommets : © Seven Summit Treks

SOMMAIRE

LES QUATORZE 8000
KARAKORAM – HIMALAYA

CHINE
TIBET
Dhaulagiri I
8 167 m
Manaslu
8 163 m
Shisha Pangma
8 027 m
Cho Oyu
8 188 m
Lhassa
Everest
8 848 m
NÉPAL
Lhotse
8 516 m
Annapurna I
8 091 m
Katmandou
Makalu
8 485 m
BOUTHAN
Kangchenjunga
8 586 m

8000

« Le problème avec les 8000,
c'est comme avec les cacahuètes.
Il ne faut jamais commencer. »

ERHARD LORETAN, TROISIÈME HOMME AUX QUATORZE 8000.

L'ALTITUDE EST UN MARQUEUR D'EXCELLENCE EN ALPINISME. PLUS ENCORE QUE LA DIFFICULTÉ TECHNIQUE DE L'ITINÉRAIRE, LA HAUTEUR DES MONTAGNES ESCALADÉES S'EST IMPOSÉE COMME RÉFÉRENCE SOCIALE DISTINCTIVE AUSSI BIEN DANS LE MILIEU DU SPORT-AVENTURE QU'AUPRÈS DU GRAND PUBLIC. À RAISON, SI L'ON MESURE L'ABNÉGATION ET LES COMPÉTENCES NÉCESSAIRES POUR GRAVIR LES PLUS HAUTES MONTAGNES DE LA TERRE.

À droite : Col Nord (7 070 m), Sophie Lavaud sur la voie tibétaine de l'Everest lors de son ascension de 2014.

PRÉAMBULE

26 juin 2023, 9 h 30, 8 126 mètres. Sophie Lavaud est au sommet du Nanga Parbat. Difficile de deviner si quelques larmes d'émotion s'échappent de ses yeux protégés par le masque solaire. Le blizzard souffle. Des rafales à plus de 50 kilomètres par heure qui déséquilibrent et soulèvent les cristaux de glace en autant d'aiguilles agressives. L'ambiance n'est pas à la contemplation. Lumière grise, horizon barré d'un voile blanc. Sangay Sherpa, le compagnon d'altitude de ses sept derniers sommets, sort la banderole des sponsors. Trois photos au cadrage aléatoire, deux regards complices et une accolade plus tard, Sophie file déjà dans la pente de neige instable qui domine de plus de 4 000 mètres le camp de base. Elle le répète à l'envi : « Tant que je ne suis pas redescendue de la montagne, l'ascension n'est pas finie. »

LE GRAND CHELEM HIMALAYEN

En gravissant le légendaire sommet pakistanais, Sophie Lavaud est devenue *le* premier Français à gravir les quatorze sommets de plus de 8 000 mètres que compte la planète. La première Suissesse aussi et *le* premier Canadien au passage puisque les privilèges de la naissance et les choix de vie lui ont conféré trois nationalités. Étonnante et impressionnante trajectoire pour cette alpiniste amateure que rien ne destinait à collectionner les plus hauts sommets de la Terre. Sans être issue du petit milieu de l'alpinisme professionnel (Sophie n'est pas guide de montagne ni grimpeuse de haut niveau et ne revendique pas le statut d'athlète), elle vient de réussir ce que six femmes seulement avaient réalisé jusqu'alors. Vingt-deux expéditions et 11 années lui ont été nécessaires pour boucler son grand chelem himalayen. Mais que signifie cette histoire de sommets de plus de 8 000 mètres et cette famille si particulière de collectionneurs de 8000 ?

ARISTOCRATIE DE L'ALTITUDE

Alpinistes et géographes s'accordent pour dénombrer 14 montagnes dépassant l'altitude de 8 000 mètres. Toutes sont situées en Himalaya : sept au Népal, deux au Tibet et cinq au Pakistan.
Huit mille mètres ? L'altitude est symbolique, bien sûr. Toutefois, ce symbole ne fait pas de l'ascension du Gyachung Kang, un « presque 8000 » (7 952 m), une escalade plus facile que celle du Shisha Pangma qui culmine juste au-dessus de 8 000 (8 027 m). Mais il en va ainsi de « l'altitucratie » : les chiffres paliers comptent double aux yeux des alpinistes et du public qui les regardent. Sauf éventuellement pour nos amis anglo-saxons qui mesurent en pied : 26 246 pieds (8 000 x 3,28), ça ne fait pas vraiment rêver et ça ne se retient pas facilement. Ils se sont donc focalisés sur l'Everest à l'époque de la conquête des 8000. Le plus grand, sinon rien. Pourtant, aujourd'hui, nos voisins d'outre-Manche ont largement adopté le concept des *fourteen peaks*...
Plus les alpinistes s'élèvent, plus ils se distinguent. Les paliers agissent sur l'esprit et le corps social comme autant d'attributs qui hiérarchisent les amateurs d'altitude. Les alpinistes s'attachent aux multiples de mille comme marqueurs simples et compréhensibles par le plus grand nombre, profanes compris.
Les réussites du premier sommet de 3 000 mètres, puis du premier 4000 mètres ont été dignement fêtées. Maintenant, pour monter d'un étage, il faut partir au loin. Sur le caucasien Elbrouz (5 643 m) ou l'africain Kilimandjaro (5 895 m).
À l'alpinisme s'ajoutent l'exotisme du voyage, un soupçon d'aventure et la découverte d'autres formes de montagnisme. L'Amérique du Sud et sa ribambelle de volcans offrent des possibilités d'ascensions de 6 000 mètres d'une facilité technique déconcertante. Même l'Aconcagua, le point culminant du continent (6 962 m), ne nécessite pas de véritables compétences d'alpinisme. Les contraintes de l'altitude y sont pourtant déjà fortes. D'ailleurs, 6 962 mètres, n'est-ce pas déjà un peu 7 000 mètres ? Pour les corps certainement, pour les chroniqueurs pas encore...
Les sommets de plus de 7 000 mètres se trouvent tous en Asie. Tien Shan, Pamir, Karakoram et Himalaya forment une vaste continuité de chaînes de montagnes d'où émerge la myriade des plus hauts sommets. Tous ne revêtent pas le même intérêt alpinistique. Tous n'ont pas encore été gravis. Mais l'aventure et la performance sportive sont souvent au rendez-vous.
Et puis, il y a le Graal des amateurs de haute altitude : les 8000 mètres. Quatorze sommets émergeant du grand Himalaya. Du plus occidental (Nanga Parbat au Pakistan) au plus oriental (Kangchenjunga à la frontière népalo-indienne), ils balisent l'arc Karakoram-Himalaya pour la gloire de quatre pays (Pakistan, Népal, Chine, Inde). Certains sont dits « petits » lorsqu'ils ne dépassent pas 8 500 mètres, les autres (au nombre de cinq) sont considérés comme les « grands ». D'ailleurs, l'Everest, avec ses 8 848,50 mètres, n'est-il pas plutôt un 9000 ? Pour le corps humain, physiologiquement, c'est incontestable.

SOPHIE LAVAUD ET LES 8000

Des plus modestes sommets de son adolescence aux plus grandes montagnes himalayennes, voilà le parcours suivi par Sophie Lavaud. Après une enfance savoyarde skis aux pieds, la famille randonne et donne à la petite fille l'envie de gravir les pics englacés alentour. L'histoire aurait pu s'arrêter aux sommets des Alpes. Mais au faîte du mont Blanc (un presque 5000), elle se tourne vers les montagnes d'ailleurs pour continuer sa quête d'altitude. Montagnes d'Afrique, sommets sud-américains, hauts treks au Népal. Et gravir un 8000, est-ce possible ? Il faut un peu de temps, quelques économies et une forte motivation.
En 2012, Sophie possède les trois ingrédients. Quelques déambulations sur Internet, et la voilà inscrite à une expédition guidée. L'organisateur propose de gravir successivement les deux 8000 tibétains, histoire de rentabiliser l'investissement et l'acclimatation ! Sophie pense voir sa candidature refusée, elle ignore encore que quelques tour-opérateurs, forts de l'expérience de guides spécialisés épaulés par la force de travail des sherpas, proposent depuis plus de 20 ans des expéditions clés en main. Seules exigences à l'inscription : posséder une petite expérience alpine et une forte abnégation face à la rusticité d'un long séjour en altitude. Sophie s'envole ainsi pour le Tibet au printemps 2012 et enchaîne en toute innocence le sommet central du Shisha Pangma (8 008 m) puis celui du Cho Oyu (8 188 m). Deux 8000

Ci-dessus : 26 juin 2023, dans les pentes terminales du Nanga Parbat, Sophie Lavaud fixe la cime de son dernier 8000.

pour une première incursion en haute altitude, Sophie montre de belles aptitudes. Elle en est elle-même surprise. Onze années et 21 autres expéditions plus tard, elle est au sommet du Nanga Parbat (8 126 m), son quatorzième 8000. Avec la même humilité : « Rien ne me prédestinait à une telle aventure. »

L'HISTOIRE DES 8000

Au mitan du XIXe siècle, les plus importantes montagnes de la Terre sont localisées, nommées et évaluées. Un long travail d'exploration et de calcul assuré par le *Great Trigonometrical Survey of India* en une grande campagne de mesure menée par l'Empire britannique. Le repérage des hauts sommets himalayens bien établis par les militaires et les géographes fait place à l'ambition des aventuriers et des alpinistes. Il ne s'agit plus d'étudier les replis de la Terre, mais bien d'en escalader les plus hautes émergences, par défi sportif et ambitions nationales. Sur les 8000, c'est Albert Frederick Mummery qui ouvre le bal. L'Anglais n'est pas un petit joueur, c'est le chef de file de l'alpinisme acrobatique et un fervent promoteur de l'alpinisme « sans guide ». En 1895, fort de belles réussites dans les Alpes et d'explorations dans le Caucase, il part pour l'Himalaya avec seulement deux compagnons, ses fidèles partenaires Norman Collie et Geoffrey Hastings. En cette fin du XIXe siècle, l'expérience de la communauté alpine en matière d'altitude se limite au mont Blanc et à quelques sommets de 6 000 mètres. Pourtant, le petit groupe choisit le redoutable Nanga Parbat et ses parois hautes de plus de 4 000 mètres. Choix dicté par la relative facilité d'accès depuis Rawalpindi comparée aux autres sommets du Karakoram situés tout au fond de l'immense glacier du Baltoro. Les 8000 situés au Tibet et au Népal sont quant à eux encore d'accès interdit. Avec une forme d'innocence qui ne cesse d'impressionner aujourd'hui, Mummery tente directement de trouver un itinéraire dans l'immense versant Rupal. La montagne est colossale, complexe et sans lignes de faiblesse évidentes. La petite équipe change alors de face, sans crainte de déplacer le camp de base d'une vallée à l'autre, pour attaquer un éperon entouré de falaises de glace du versant Diamir. Directe et lisible, la ligne imaginée semble mener directement aux glaciers supérieurs en évitant les enchevêtrements de séracs et les avalanches incessantes. Les deux compagnons de voyage de Mummery abandonnent, épuisés par les premières tentatives et le déménagement par de hauts cols. Mummery, lui, semble développer d'étonnantes capacités d'adaptation à l'altitude et possède une motivation inébranlable. Seulement accompagné d'un porteur, il remonte le glacier de Diamir, contourne des tours rocheuses, réchappe à une avalanche de séracs et atteint bientôt le haut de l'éperon qui semble lui donner accès aux neiges sommitales. Mais le porteur est bientôt terrassé par l'altitude. Mummery hésite, puis décide finalement d'aider son compagnon de cordée à redescendre. Après quelques jours de repos, Mummery a encore la volonté d'explorer le troisième versant du Nanga Parbat (Rakhiot). L'Anglais part une nouvelle fois à l'assaut de son ambition pour disparaître avec deux porteurs en franchissant le col glaciaire qui les sépare de la face projetée. Première tentative sur un 8000, premières victimes dont le père de l'alpinisme moderne.

Il faut attendre le début du XXe siècle pour que l'ascension d'un autre 8000 soit envisagée sérieusement. En 1902, le Suisse Jules Jacot-Guillarmod participe comme médecin à l'expédition au K2 organisée par le fort glaciériste anglais Oscar Eckenstein et l'aventurier occultiste Aleister Crowley. Drôle de personnage, ce Crowley. Cheville financière de l'expédition, il prétendait voir à travers les montagnes et n'hésitait pas à menacer ses compagnons de son pistolet lors de sautes d'humeur. L'expédition remonte le Baltoro accompagnée d'une caravane de 150 porteurs à l'équipement rudimentaire. C'est la première fois qu'une équipe touche les flancs de la seconde montagne la plus haute du monde, perdue loin au fond de l'un des plus longs glaciers de la planète. Haute pyramide escarpée, le K2 ne laisse entrevoir aucune faiblesse. Décidément, les explorateurs de 8000 ne manquent pas d'audace et ne semblent pas rebutés par les parois les plus vertigineuses. Innocence ou inconscience ? Les alpinistes explorent la base de la montagne et devinent ce qui deviendra 50 ans plus tard la voie d'accès au sommet. Mais les difficultés s'accumulent, l'ambiance de l'équipe est loin d'être sereine, la nourriture et le combustible viennent à manquer. Les incursions en altitude se font rares et une forme d'apathie s'abat sur des hommes qui se supportent avec difficulté. Le long séjour au camp de base situé à 5 700 mètres donne loisir au docteur Jules Jacot-Guillarmod de noter scrupuleusement les étranges symptômes de ses compagnons : migraines, perte d'appétit, nausées, sautes d'humeur. Cependant, malgré l'œdème pulmonaire dont souffre finalement l'un des participants, il ne parvient pas à faire le lien entre l'altitude et ces maux méticuleusement observés. En fait, le médecin diagnostique à tort une pneumonie (à cause des souffrances respiratoires)

qui disparaît dès la descente du malade... mais sans pour autant établir la relation entre la rédemption miraculeuse et la perte d'altitude. Le médecin était pourtant tout près de diagnostiquer le redoutable œdème pulmonaire d'altitude.
Jules Jacot-Guillarmod rapporte par ailleurs près d'un millier de photographies stéréoscopiques absolument fascinantes révélant des régions méconnues de l'époque. Nouvel échec alpinistique sur un 8000, mais premier reportage remarquablement documenté d'une expédition.
Trois ans plus tard, Jules Jacot-Guillarmod récidive au Kangchenjunga en réitérant la malheureuse association avec Crowley, toujours aussi irascible et fantasque. L'approche du sommet se fait par un glacier très raide où trois porteurs népalais et un membre du groupe perdent la vie en chutant dans une crevasse. Crowley déserte l'expédition et, dès son retour en Europe, publie un récit de l'accident accablant ses compagnons. Première campagne de désinformation polémique au retour d'une expédition.
Le Népal et le Tibet étant toujours fermés à toute incursion étrangère, c'est le Baltoro, alors en territoire indien, qui continue de focaliser les ambitions. L'importante expédition italienne de 1909, menée par le duc des Abruzzes (petit-fils, neveu et frère de rois d'Italie) sur le K2, ne fait guère mieux que la tentative précédente. Le cartographe Negretto et le photographe Sella continuent de documenter la région et rapportent des informations qui s'avéreront précieuses pour les expéditions ultérieures. Les photographies panoramiques de Vittorio di Sella restent aujourd'hui encore des références. Les grandes images en noir et blanc laissent imaginer l'immensité des vastes systèmes glaciaires et la foultitude des sommets. Ces panoramiques assurèrent une plus grande notoriété à l'expédition que le record d'altitude (7 500 m) battu sur le Chogolisa voisin.

L'EVEREST, CHASSE GARDÉE ANGLAISE

Imaginer la conquête des 8000, c'est revenir à la géopolitique de l'époque pour mieux comprendre le choix des objectifs. Diplomatie, imperméabilité de frontières, guerres d'influence et conflits impactent directement les possibilités d'approcher les montagnes ou d'obtenir l'autorisation de les gravir. Une situation figée jusqu'au début du xxe siècle avec un Népal et un Tibet fermés. Huit des quatorze 8000 sont alors inenvisageables. Soucieuse de contrecarrer les influences russes et chinoises au Tibet, l'armée des Indes britanniques mène une opération militaire en 1903-1904 sous la direction du lieutenant-colonel Younghusband. Après quelques batailles et massacres de Tibétains sous-armés, l'Empire force un accord diplomatique et commercial avec le Tibet. L'accès à l'Everest par son versant nord devient accessible – et réservé – aux Anglais qui obtiennent les autorisations du Dalaï-Lama. Devenu président de la Société royale de géographie, le même Younghusband va donner l'impulsion aux grandes expéditions britanniques des années vingt.
À l'expédition de repérage de 1921 suit immédiatement la tentative de 1922 où l'aide de l'oxygène en « circuit fermé » va permettre de monter jusqu'à 8 320 mètres et d'établir un nouveau record d'altitude. Mais l'usage de « l'air anglais », comme le nomment les sherpas, est déjà discuté au sein même de l'équipe des grimpeurs. Un débat consubstantiel à la volonté de gravir les plus hauts sommets de la planète. Les bienfaits qu'apporte l'oxygène en bouteille pour monter en très haute altitude sont indéniables, mais l'appareillage est lourd, encombrant et peu

Ci-dessous : L'Annapurna I (8 091 m), premier sommet de plus de 8 000 mètres gravi par l'expédition française de 1950.

fiable. Et puis, surtout, son utilisation interroge les règles du jeu : n'est-ce pas une aide déloyale, une entorse fondamentale au *by fair means* si cher à l'aristocratie anglaise qui dicte les codes de l'alpinisme ? Les atermoiements de George Mallory illustrent bien les ambiguïtés de l'époque. Après avoir condamné son utilisation lors de l'expédition de 1922, le célèbre alpiniste finit par empoigner les lourds cylindres pour l'ultime tentative de 1924. Pour l'accompagner, Mallory choisit d'ailleurs le jeune Sandy Irvine, davantage pour ses talents de bricoleur qui pourraient s'avérer bien utiles en cas de caprice des mécaniques que pour son expérience de grimpeur. Le 8 juin 1924, Noel Odell, alors resté en soutien, aperçoit la cordée haut sur l'arête sommitale. Puis la brume la dissimule à son regard sans qu'il ne soit capable d'évaluer l'altitude précise des deux hommes. Il est 12 h 50. Nul ne reverra plus le duo Mallory-Irvine. Que s'est-il passé ? Quelle altitude les deux hommes ont-ils atteint ? Avant de disparaître, les grimpeurs ont-ils foulé – les premiers – le Toit du monde ? Le corps de Mallory sera retrouvé en 1999 par une expédition américaine. Aucun indice ne laisse supposer que la mythique cordée ait atteint ou non le sommet.
Les trois autres expéditions britanniques des années trente ne seront pas davantage couronnées de succès. Les tensions anglo-indiennes qui allaient aboutir à l'indépendance de l'Inde et à la partition du Pakistan, la relation sympathisante de Lhassa avec l'Allemagne, la Seconde Guerre mondiale puis la prise de contrôle du Tibet par les autorités chinoises en 1950 marquèrent la fin du premier *round* anglais à l'Everest.

L'AVENIR EST AU NÉPAL

État des lieux à la veille de la Seconde Guerre mondiale ? Les Britanniques ont largement dépassé la cote mythique des 8 000 mètres sur les flancs de l'Everest grâce aux performances de Norton (8 570 mètres sans oxygène) ou de Mallory et Irvine, mais sans atteindre le sommet. Des réussites ont été signées sur de beaux 7000, mais aucune cime de plus de 8 000 mètres n'est tombée dans l'escarcelle d'un alpiniste. Gravir le plus haut sommet de la planète, gravir l'un des 14 sommets de plus de 8 000 mètres : deux approches d'un même challenge qui semble décidément bien difficile à atteindre.
Alors que le Tibet est devenu impénétrable, le roi du Népal décide d'entrouvrir au monde son petit royaume. L'Everest est évidemment très convoité, et un tour de rôle par nation est institué par le gouvernement népalais, au grand regret des Britanniques qui perdent ainsi l'accès exclusif à la montagne. Ils n'en démordent pourtant pas et obtiennent des autorisations pour 1951 et 1953. Les Suisses pourront tenter leur chance en 1952 et les Français se positionnent en embuscade pour l'année 1954. Hormis la tentative de 1936 au Gasherbrum I, « petit » 8000 du cirque du Baltoro, les Français ont été bien peu présents jusqu'alors dans le grand jeu himalayen. Opportunément, ils obtiennent également une autorisation pour deux sommets alors méconnus de l'ouest du Népal : le Dhaulagiri (8 167 m) et l'Annapurna (8 091 m). Moins obsédées par l'Everest que les Anglais, les têtes pensantes de l'alpinisme hexagonal ont deviné tout le prestige qu'une France en reconstruction pourrait tirer d'une réussite sur l'un des quatorze 8000. Si l'altitude de ces objectifs semble modeste comparée à celle de l'Everest, le symbole de réussir un « premier 8000 » est un levier rassembleur et médiatique puissant. L'entreprise n'en est pas moins complexe et aléatoire : approche longue et mal connue depuis le nord de l'Inde, cartographie approximative, absence de repérages sur le terrain. Cependant, la France a besoin de reprendre sa place dans le concert des nations et possède un beau réservoir de talents alpinistiques du côté de Chamonix. Le Comité de l'Himalaya, émanation du Club alpin français et du prestigieux Groupe de haute montagne, chapeauté par Lucien Devies, leader charismatique incontesté, est l'ordonnateur d'un alpinisme en mal de reconnaissance himalayenne. L'expédition de 1950 à l'Annapurna va être érigée en mythe ultime. L'épopée peut difficilement se résumer en quelques phrases. Pourtant, comment ne pas retenir la constitution de l'équipe avec les fers de lance de l'alpinisme comme Terray, Rébuffat, Lachenal et Couzy ? Comment ne pas se souvenir des explorations hésitantes pour fixer un objectif réalisable et imaginer une voie d'ascension : Dhaulagiri ou Annapurna, arête des Choux-fleurs ou glacier de la Faucille ? Comment ne pas rester fasciné par la réussite du sommet le
3 juin 1950 aux premiers jours de la mousson ? Et puis… la photo du héros brandissant piolet et drapeau tricolore juste sous la corniche du sommet, la retraite des *summiters* – Herzog et Lachenal – pantins épuisés aux membres gelés ; la douloureuse évacuation des grimpeurs impotents sur des chaises à porteurs ; le calvaire des martyrs auxquels le docteur Oudot ampute des phalanges quotidiennement ; l'accueil triomphal, d'abord à Katmandou, puis dans un Paris en mal de héros positifs, les vainqueurs portés par leurs dévoués camarades à la descente de l'avion ; l'émotion immense recyclée jusqu'à la saturation. L'expédition est popularisée en France par la une de Paris Match, le film *Victoire sur l'Annapurna* et le fameux livre *Annapurna premier 8000*. L'ouvrage, écrit à la première personne par le chef d'expédition Maurice Herzog, deviendra le plus grand succès de la littérature alpine (vingt millions d'exemplaires vendus). Les bénéfices, reversés au Comité de l'Himalaya, permirent de financer 25 années d'expéditions françaises.
Annapurna premier 8000. Le titre claque, assise définitive de l'himalayisme français et de ses légendaires héros.

L'EVEREST ENFIN

Les temps sont mûrs, les hommes sont prêts. Après le succès français à l'Annapurna, les regards se tournent à nouveau vers l'Everest. *The 1951 British Mount Everest reconnaissance expedition* – comme si les Anglais repartaient de zéro – repère plusieurs itinéraires possibles depuis le Népal dont le fameux passage de la combe Ouest. Les Suisses de 1952 reprennent l'itinéraire fraîchement inauguré. Tenzing Norgay et Raymond Lambert parviennent à monter jusqu'à 200 mètres sous le sommet. C'est certain maintenant, la voie népalaise du col Sud est bien celle qui permettra d'atteindre le sommet.
Bénéfice paradoxal de la guerre, les équipements de protection contre le froid ont fait des progrès considérables et les

appareillages à oxygène ont bénéficié des recherches en aéronautique. C'est pourtant une défaillance de l'alimentation en oxygène qui arrêta la cordée suisse. Les systèmes leur permettaient de respirer au repos, mais devenaient inutilisables lors de la montée en raison de la résistance des valves au passage de l'oxygène.
Les Britanniques ont donc failli se faire coiffer au poteau par les Genevois. Ils savent les Français à l'affût. Il n'est pas question pour les sujets de Sa Majesté de laisser échapper cet Everest pour lequel ils ont déjà fourni tant d'efforts et d'hommes.
La conquête du pôle Sud et du pôle Nord leur a échappé, l'Empire s'effrite, une nouvelle reine va bientôt être couronnée. L'expédition de 1953 dépasse évidemment les enjeux sportifs, elle est orchestrée comme une opération militaire avec des moyens décuplés. Le triptyque sherpas (aide au portage), camps d'altitude (avec équipes de soutien), oxygène (avec appareillages allégés et fiables) est maintenant bien rodé. Plus question de laisser perturber la logistique par des questionnements existentiels sur l'art et la manière. Ce sont plus de sept tonnes de matériel qui sont acheminées au camp de base, dont 193 000 litres d'oxygène (contre 20 000 pour l'expédition suisse). Et la voie d'accès est connue. L'expérience de Tenzing (c'est sa septième expédition à l'Everest) est incomparable, il est à nouveau de la partie malgré son regret de ne pas réitérer une tentative avec Lambert avec qui il s'est lié d'amitié.
Le 29 mai 1953, le Néo-Zélandais Edmund Hillary et le Sherpa Tenzing Norgay sont au sommet du « troisième pôle ». La nouvelle ne sera annoncée dans les journaux que le 2 juin, jour du couronnement de la reine Elizabeth II. *Timing* parfait et succès en offrande. « *Well, we knocked the bastard off!* » : la formule lapidaire de Hillary au retour du sommet résume sans doute l'esprit général (« Eh bien, on l'a eu ce salaud ! »).

L'ÂGE D'OR : 1950-1964

France 1 – Grande-Bretagne 1
La compétition sur les 8000 est ouverte. Une course au prestige sur le grand Himalaya. Dans une sorte de *gentleman agreement*, quelques nations majoritairement européennes se répartissent les géants himalayens. Il est de bon ton de laisser la préférence d'un sommet au pays qui a déjà tenté son ascension. Restent donc douze sommets de plus de 8 000 mètres à gravir. Ils sont atteints en 11 ans seulement. Les réussites à l'Annapurna et à l'Everest ont fait sauter des verrous psychologiques. La concomitance de l'expérience des aînés, des ambitions de la nouvelle génération et des progrès du matériel donnent à comprendre l'enchaînement des réussites. Nanga Parbat par les Allemands en 1953 ; K2 par les Italiens et Cho Oyu par les Autrichiens en 1954 ; Makalu par les Français et Kangchenjunga par les Britanniques en 1955 ; Manaslu par les Japonais, Lhotse par les Suisses et Gasherbrum II par les Autrichiens en 1956 ; Broad Peak par les Autrichiens en 1957 ; Gasherbrum I par les Américains en 1958 ; Dhaulagiri par les Suisses en 1960 ; Shisha Pangma par les Chinois en 1964. La course aux quatorze 8000 connaît officiellement son épilogue. Encore que, pour le Shisha et les Chinois de 1964, ce n'est pas sûr-sûr ! La recension de l'ascension publiée dans l'*Alpine Journal* mentionne l'altitude de 8 013 mètres pour le sommet atteint, soit un peu moins que la mesure officielle. Il n'en faut pas davantage pour alimenter la suspicion, et à de fameux himalayistes d'avancer que l'expédition chinoise n'aurait atteint que le sommet central, proéminence séparée du sommet principal (8 027 m) par la difficile arête neigeuse du *Knife Ridge*. En himalayisme, les remises en cause sont légion et les listes souvent matière à caution. Magnifiques sujets d'exégèse pour les spécialistes qui adorent arguer qu'évidemment le diable se cache dans les détails.
Entre ces réussites nationales, pour ne pas écrire nationalistes, s'affirme d'autre part un himalayisme alternatif où l'obsession de l'altitude de 8 000 mètres laisse place à des motivations plus techniques, où le style dans la méthode d'ascension et la difficulté de l'itinéraire priment sur la réussite de la cime. Les critères de performance se déplacent, scindant en deux familles les approches. D'un côté, la recherche de nouveaux itinéraires toujours plus difficiles avec une maîtrise des moyens mis en place, ce que d'aucuns appellent improprement le « style alpin », le *by fair means* britannique étant plus approprié. De l'autre, la réussite du sommet comme curseur prépondérant permettant au plus grand nombre de collectionner les hauts sommets et débouchant sur l'organisation commerciale des expéditions.

Ci-dessus : Quatre fameuses collectionneuses des quatorze 8000 au camp de base du Nanga Parbat : Uta Ibrahimi la Kosovare, première Albanaise au sommet de l'Everest et bientôt première femme des Balkans à compléter les quatorze ; Viridiana Alvarez, première Mexicaine aux quatorze ; Kristin Harila la Norvégienne qui détient le record d'ascension des quatorze en 92 jours ; Sophie Lavaud aux trois nationalités : premier Français, première Suissesse et premier Canadien au quatorze.

L'HOMME AUX QUATORZE 8000

Dans une improbable épopée, l'Italien Reinhold Messner réussit l'ascension du Nanga Parbat en 1970. Il a 25 ans, c'est son premier 8000. Enfreignant les consignes du chef d'expédition, il est parti seul vers le sommet. Juste sous la cime, il est rejoint par son frère cadet Günther qui devait rester en appui au dernier camp d'altitude. S'ensuit l'une des plus étonnantes odyssées de haute altitude. Après un bivouac de fortune, les deux hommes décident de tenter leur chance en descendant par le versant opposé à leur voie de montée :

4 000 mètres de pentes de glace, de glaciers suspendus et d'éperons verticaux. Pour se repérer, ils ne possèdent qu'une simple photographie en noir et blanc. Et leur mémoire. Celle des longues soirées passées l'hiver précédent à étudier l'histoire de la montagne et à mémoriser les tentatives, dont celle du fameux Mummery en 1895. Les deux frères se jettent dans la pente, louvoient, divaguent et bivouaquent une seconde nuit. Malgré l'épuisement, la déshydratation et l'angoisse, ils parviennent finalement à prendre pied sur le glacier de Diamir. Le temps d'un court passage dans les glaces chaotiques, ils se séparent. Reinhold ne reverra plus Günther, probablement enseveli par une avalanche. Dans l'espoir de retrouver son frère, il passe une troisième nuit sur le glacier durant laquelle il est atteint d'hallucinations. Reinhold Messner est finalement recueilli, rampant et délirant, aux abords des premiers alpages par des bergers. Réussite et drame intime mêlés ; expérience fondatrice sur laquelle Reinhold Messner bâtira son himalayisme à venir. Cathartique et novateur. Sa manière de grimper et ses réussites vont façonner le nouvel himalayisme. Le temps de se remettre de ses gelures (amputation de six orteils), voilà le Tyrolien de retour sur un 8000 en 1972. Au Manaslu, Messner affirme son style en choisissant d'ouvrir un nouvel itinéraire sur la complexe face sud plutôt que de répéter la voie normale pourtant gravie seulement à deux reprises. Chaque nouvelle expédition sur un 8000 sera dorénavant pour Messner l'occasion de s'imposer comme le chantre du style alpin en rupture avec les expéditions traditionnelles : pas d'utilisation d'oxygène, pas d'aide au portage et une organisation légère. La course au quatorze n'est pas sa première motivation, pourtant les sommets tombent l'un après l'autre dans sa besace. Messner est dans la recherche de la difficulté et revendique le style avant tout. Il l'affirmera plus tard, collectionner les 8000 n'était pas son but, mais une course que « d'autres » lui ont imposée.
Une compétition informelle qu'il achève en 1986 sur les pentes du Lhotse dans « un impérieux besoin d'être libre ». Durant ces 16 années, Messner et ses camarades ont bousculé les usages et inventé d'autres codes. Par ses réussites et ses nombreuses publications, Reinhold Messner est érigé au rang de mythe de son vivant. Avoir survécu aux nombreuses expéditions n'est pas la moindre de ses qualités, mais pas la seule : premières en style alpin, premières en solitaire, première ascension de l'Everest sans oxygène, première ascension de l'Everest sans oxygène et en solitaire... Le CV du King est incomparable, la signature définitive : *Premier vainqueur des quatorze 8000.*

CHASSEURS DE 8000

Drôle de famille que celle des « huitmillistes ». Avec sa culture, ses usages et son goût prononcé pour la communication.
Si l'élite de l'alpinisme s'est largement détournée des voies normales, les chasseurs de 8000 au contraire en ont fait leur lieu de vie. Après les longs mois partagés entre recherche de financement et organisation des expéditions, les sentiers escarpés, les moraines interminables et les incursions fugaces en haute altitude sont une délivrance.
Ils forment une famille parce qu'ils ne sont en réalité pas si nombreux à se croiser à Katmandou ou Islamabad, à se retrouver à Namche Bazar ou Skardu, à cohabiter sur les camps de base. Villages de toiles bariolées où s'organise une vie sociale pour quelques semaines. Le temps de parfaire l'acclimatation, d'attendre les fenêtres de météo favorable, d'équiper la montagne et de tenter le sommet. Une Babel alpinistique où le *broken english* tient lieu de sabir international. D'une expé à l'autre, des intérêts convergent, des complicités se forment, des inimitiés farouches se masquent. La solidarité est de mise, mais n'empêche ni la concurrence ni les rivalités. Des cordées se font et se défont. Des couples initient de longues histoires, partagent de fugaces passions, retrouvent de chaotiques relations.
L'accueil de chacun est démonstratif, c'est la règle de politesse. De grands *hugs* avant de proposer un siège bancal en plastique et d'offrir un thé. Le thé qui se boit par litre. Pour s'hydrater, s'occuper, se réchauffer, partager. Des plans s'échafaudent, des stratégies s'imaginent. Quelques informations sont livrées, mais jamais toutes. Chacun confronte et protège sa stratégie personnelle. L'innocence n'est pas de mise, sauf pour les candides. L'enthousiasme se partage, mais en se préservant. Ici, les corps sont en souffrance par manque de pression atmosphérique, les psychismes sont en ébullition par excès de pression mentale. Deux préoccupations lancinantes obsèdent les occupants d'un camp de base : Vais-je réussir le sommet ? Vais-je sauvegarder mon intégrité physique ? Le poids du 8000 sur les épaules.

Dans les pas de Sophie

Sophie Lavaud inscrit son himalayisme dans celui de la collection de sommets. L'apogée de chaque 8000 lui est nécessaire et suffisant. C'est si haut, si difficile. Elle ne revendique rien d'autre qu'un himalayisme partagé avec ses compagnons d'altitude car sans les porteurs, le staff de cuisine, les sherpas, elle ne peut rien. Elle l'affirme, en une humilité non feinte. Sans Nima Sherpa, sans Sangay Sherpa et quelques autres, pas de voyage au pays des divinités himalayennes. Demandez-lui d'évoquer ses expéditions, interrogez-la. En première coquetterie, Sophie évoque la nécessaire équipe, le travail de préparation sur la montagne, la trace et les camps partagés, la mutualisation des ambitions, l'agrégation des énergies. Elle vante le plaisir des efforts partagés, puis soudainement elle se souvient de la beauté foudroyante d'un paysage.
Sophie Lavaud n'a pas prémédité de gravir les quatorze 8000. Elle n'a pas davantage projeté de devenir *le* premier Français, la première Suissesse ou *le* premier Canadien à réussir le grand chelem. En toute innocence, elle a gravi un premier 8000, puis atteint la cime de l'Everest. Et après ? Que faire de ces trophées de l'aventure ? Les amateurs de cimes s'offrent un 8000 comme ultime consécration. Les prétendants à l'Everest comblent leur désir d'absolu. *I did it.* Fin de l'expérience himalayenne pour tous ceux-là. Sophie, elle, s'est laissée envoûter par *le voyage dans l'oxygène rare*, selon la jolie formule de l'himalayiste français Pierre Béghin. L'effort hypoxié, les camps d'altitude, les villages de tentes au pied des montagnes : c'est pour elle. Chaque sommet gravi pas à pas, collectionné peu à peu n'a fait que renforcer une certitude : là-haut, là-bas, c'est maintenant un peu chez elle.
Nous n'avons plus qu'à mettre nos pas dans les siens.

LES QUATORZE 8000

26 JUIN 2023
NANGA PARBAT
8 126 M
« Soulagement et fierté. »

21 JUILLET 2018
K2
8 611 M
« Le Graal. »

11 JUILLET 2017
BROAD PEAK
8 051 M
« La plus belle vue sur le K2. »

12 JUILLET 2019
GASHERBRUM I
8 080 M
« Le GPS nous a sauvé la vie. »

16 JUILLET 2015
GASHERBRUM II
8 035 M
« Le Pakistan, si différent des images. »

1ER OCTOBRE 2021
DHAULAGIRI I
8 167 M
« Émotion maximale. »

23 AVRIL 2019
ANNAPURNA I
8 091 M
« Dans les traces d'Annapurna, premier 8000. »

1ER OCTOBRE 2022
MANASLU
8 163 M
« Pour cinq mètres de plus ! »

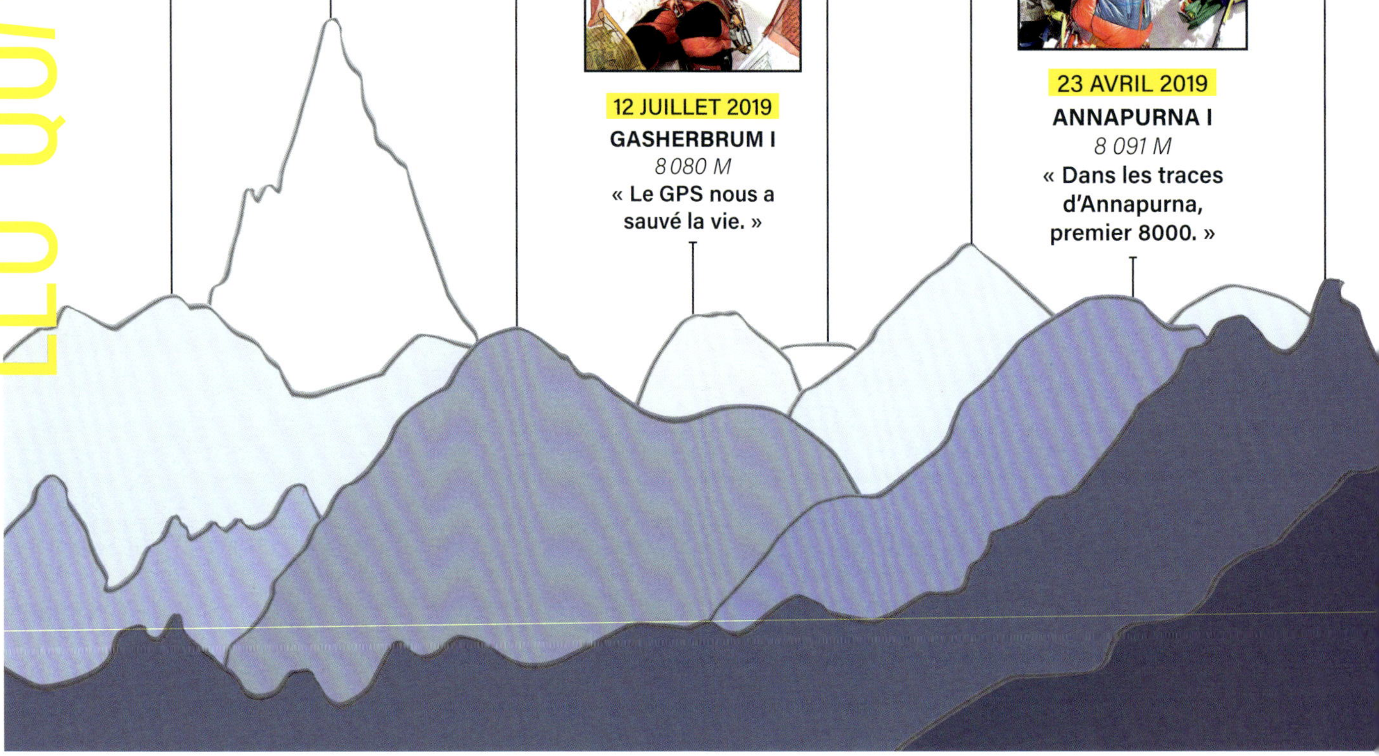

26 AVRIL 2023

SHISHA PANGMA

8 027 M

« J'ai eu tellement froid. »

25 MAI 2012

CHO OYU

8 188 M

« Du sommet, j'ai vu l'Everest. »

25 MAI 2014

EVEREST

8 848 M

« Plus rien ne sera comme avant. »

14 MAI 2022

LHOTSE

8 516 M

« Un cadavre qui dérange. »

23 MAI 2016

MAKALU

8 485 M

« On ne survit pas longtemps si haut. »

15 MAI 2019

KANGCHENJUNGA

8 586 M

« C'est grand, c'est vaste, c'est haut. »

DE SOPHIE LAVAUD

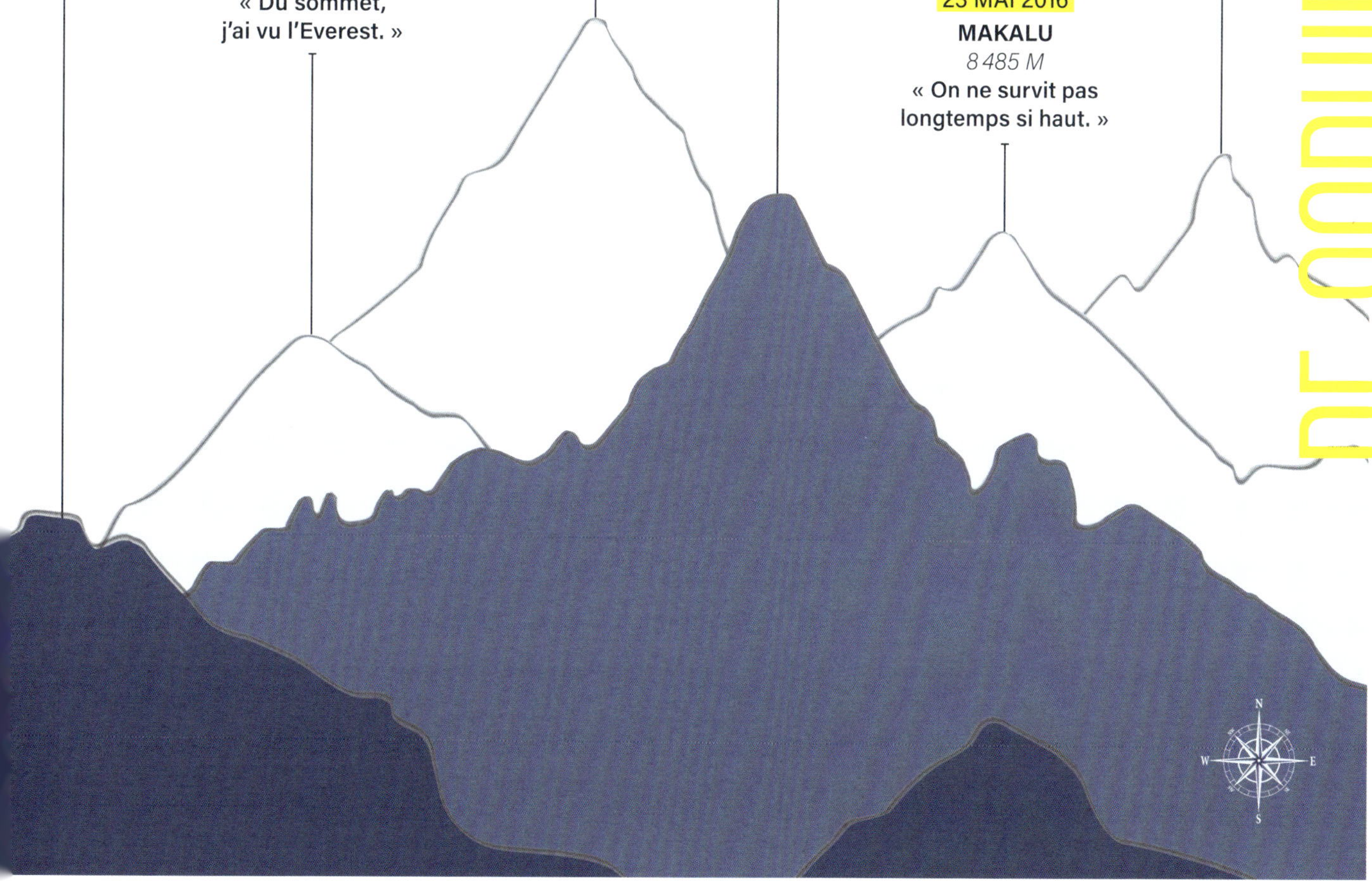

EVEREST
SURVIVRE À L'ALTITUDE

L'arête nord et le versant tibétain de l'Everest vus depuis le col Nord (7070 m). Minuscules points sur la trace, les prétendants au sommet qui s'acheminent vers les camps supérieurs donnent l'échelle de la montagne.

01

EVEREST/SAGARMATHA (NÉPAL)
DONT LA TÊTE TOUCHE LE CIEL
CHOMOLUNGMA (TIBET)
DÉESSE MÈRE DU MONDE

Altitude : 8 848 mètres
Pays : Népal/Chine
Première ascension : 29 mai 1953 par Edmund Hillary (NZ) et Tenzing Norgay (NP). Expédition britannique dirigée par le colonel John Hunt. Arête sud-est via la combe Ouest et le col Sud.

8000

« Because it's there. »

GEORGE MALLORY, 1923

CE SONT LES EFFETS DÉLÉTÈRES DE LA HAUTE ALTITUDE QUI DIFFÉRENCIENT FONDAMENTALEMENT L'ALPINISME DE L'HIMALAYISME. LA SOUFFRANCE INFLIGÉE AU CORPS PAR LE MANQUE D'OXYGÉNATION RÉDUIT LES CAPACITÉS PHYSIQUES ET COGNITIVES, DÉGRADANT INÉLUCTABLEMENT L'ORGANISME. L'HOMME NE PEUT SURVIVRE À UN SÉJOUR PROLONGÉ AU-DELÀ DE 5 000 MÈTRES. LA TRÈS HAUTE ALTITUDE EST UNE TRANSGRESSION.

À droite : Sophie Lavaud au sommet de l'Everest le 26 mai 2014, le début de sa deuxième vie. En arrière-plan, le glacier de Kangshung dominé par le Makalu (8 485 m) que Sophie gravira en 2016.

01

01 EVEREST
SURVIVRE À L'ALTITUDE

À droite : L'impressionnante montée de la face ouest du Lhotse et la traversée de la Bande jaune permettent d'atteindre le col Sud, dernier camp d'altitude de la voie d'ascension classique de l'Everest versant népalais.

Le prix de l'Everest

Autorisation individuelle (taxe du gouvernement népalais) : 11 000 $/personne.
Prix d'une expédition encadrée (Katmandou-Katmandou) : de 50 000 € à 150 000 € selon l'agence et les services choisis (infrastructures au camp de base, nombre de sherpas par client, nombre de bouteilles d'oxygène pour tenter le sommet).
Un mois et demi est nécessaire pour vivre une expédition à l'Everest : voyage, approche, acclimatation. Certaines agences proposent des ascensions « express » avec préacclimatation à domicile en tente hypoxique et approche en hélicoptère...
Une expérience minimum en alpinisme est recommandée lors de l'inscription. Mais rien n'est obligatoire. Face à un engouement jamais démenti, des voix s'élèvent pour tenter de limiter le nombre de prétendants par saison et augmenter leur niveau de compétence. Avoir une expérience préalable sur un sommet de plus de 8 000 mètres est l'une des pistes proposées. Cette exigence aurait le double avantage de développer les expéditions guidées dans d'autres vallées que celle de l'Everest. Pour le moment, le gouvernement népalais se contente d'augmenter régulièrement la taxe individuelle sans limiter le nombre de permis. Au printemps 2024, c'est ainsi 421 permis qui ont été accordés. Soit autant de *members* auxquels il faut ajouter un ratio moyen d'un sherpa et demi par tête, transformant le camp de base en un véritable village de tentes : 1 200 prétendants pour un taux de succès d'environ 600 personnes (un peu plus de la moitié en sherpas et moins de la moitié en clients).
Depuis les premières expéditions guidées (fin des années quatre-vingt), le taux de réussite ne cesse d'augmenter : moins de 20 % en 1990, 25 % en 2000, plus de 70 % en 2022.
Malgré l'augmentation constante du nombre de prétendants au sommet, le taux d'accidents mortels reste stable : 0,8 %.

EVEREST, ARÊTE NORD-EST, 25 MAI 2014

Dans la nuit du sommet, j'ai perdu Sophie. Au *Balcony*, nous l'avons attendue un long moment. Lalee Sherpa, responsable de ma sécurité et de la gestion de mon oxygène, m'a finalement soufflé : « *François, let's go. It's too cold, we are freezing!* » [1]
Hier soir, à 22 h 30, nous sommes partis du dernier camp d'altitude (8 300 m) après quelques moments d'un mauvais repos. Chacun de nous accompagné de son sherpa. Lalee juste devant moi, Nima devant Sophie. Froid, vent, visibilité réduite. Par-dessus cagoule, frontale et lunettes – ne pas se geler les yeux – s'est rajouté le masque à oxygène et ses deux sangles croisées derrière la tête. Proéminent, salvateur et gênant à la fois, ce groin de plastique alimente en précieuses molécules, mais isole d'autrui. Parler à son plus proche compagnon d'ascension devient difficile. Au-dessus du camp, un peu de mauvaise pierraille, un morceau de névé, puis une première paroi fracturée. Deux grimpeurs en difficulté forment un bouchon. Une heure d'attente et de doute. Les deux hommes se mettent finalement de côté et nous filons, comme pressés de prendre de l'altitude. Irrésistiblement attirés par la cime, nous ne pensons qu'à avancer, rapidement. J'imagine que je filmerai plus haut, oubliant la raison de ma présence sur la plus haute

montagne du monde. Derrière, des frontales suivent. Anonymes et minuscules lueurs dans une profonde obscurité.

LE FANTÔME DE L'EVEREST

Quelque part entre le *First Step* et le *Second Step*, j'ai perdu Sophie. Nuit d'encre, vent en rafales, froid pénétrant jusqu'aux os. Je sais que je vais aller au sommet, mais j'ai perdu Sophie. Sophie, le sujet de mon film. Le désarroi m'envahit.
Aux premières lueurs se dessine la pyramide de *the Citadel*, grande pente sommitale baptisée ainsi par nos illustres aînés britanniques à la recherche d'un itinéraire au début du xxe siècle. La neige s'éclaire légèrement alors que les étoiles scintillent encore avec netteté. Je sors la caméra. Je fais un plan fixe, puis je zoome arrière pour donner l'effet de l'immensité.
Je me tourne vers l'est. Le soleil colore doucement des montagnes tibétaines. À mes pieds, une forme bleue, allongée de biais juste contre la trace. Je m'agenouille. Je me concentre. Je vais filmer le lever de soleil depuis les pentes sommitales de l'Everest.

[1] « François, allons-y. Il fait trop froid, on gèle ! »

L'Everest en 10 dates

1841
Le géomètre britannique George Everest établit l'emplacement du pic XV qui sera confirmé comme le plus haut du monde. La montagne est baptisée de son patronyme en 1865.

1924
Deuxième expédition britannique sur l'arête nord-est de l'Everest (Tibet). Edward Felix Norton atteint 8 524 mètres sans oxygène ! Mallory et Irvine disparaissent après avoir été aperçus vers 8 600 mètres.

1950
La première autorisation népalaise pour pénétrer au Khumbu est accordée à l'expédition de reconnaissance anglo-américaine.

1952
L'expédition suisse confirme l'itinéraire népalais via la combe Ouest et le col Sud ; ascension de l'éperon des Genevois, Tenzing Norgay Sherpa et Raymond Lambert atteignent 8 595 mètres.

1953
Première ascension de l'Everest le 29 mai par Edmund Hillary et Tenzing Norgay.

1978
L'Italien Reinhold Messner et l'Autrichien Peter Habeler atteignent le sommet de l'Everest sans oxygène le 8 mai.

1980
Ascension hivernale le 17 février par les grimpeurs polonais Leszek Cichy et Krzysztof Wielicki. Premier 8000 gravi en hiver.

1980
Le 20 août, Reinold Messner récidive sa prouesse de 1978. Mais cette fois, en solitaire, en période de mousson et en inaugurant un nouvel itinéraire en face nord : une parfaite ascension *by fair means*.

1986
Les Suisses Erhard Loretan et Jean Troillet gravissent l'Everest sans oxygène par le couloir Horbein (face nord) en un *single push* de 43 heures aller-retour (40 heures pour la montée, 3 heures pour la descente).

2024
L'alpiniste népalais Kami Rita Sherpa réussit sa vingt-neuvième ascension de l'Everest en tant que guide. Il est talonné par Pasang Dawa Sherpa qui comptabilise 27 ascensions.

Ci-dessus : Versant népalais de l'Everest, avec le camp de base Everest-Lhotse installé sur la moraine du glacier du Khumbu, dominé par l'impressionnant dédale de séracs de l'*Icefall* menant à la combe Ouest. Derrière le Lho La, la face nord tibétaine où se découpe l'arête nord.

— Faut pas qu'j'me loupe.
Je pense à mon cadre, à l'horizon de mon cadre qui doit être absolument... horizontal. J'ai retiré le masque à oxygène et remonté les lunettes sur le front. Je me concentre sur ma respiration. Respirer avec le ventre, uniquement, pour ne pas imprimer le moindre bougé à la caméra. Je pose mon coude sur la forme bleue. Puis je m'y appuie fortement. REC. Je filme. Je filme l'émergence de la lumière qui va inonder le monde. Comme un premier matin. Comme un ultime matin.

Je m'adresse à la forme bleue. Je lui parle doucement.
— Putain, tu t'es pas raté. À la montée ou à la descente ?
— ...
— T'inquiète pas, je ne vais pas te déranger longtemps. Par contre, y'a du monde qui arrive.
— ...
— Ça ne t'ennuie pas que je me cale contre toi ? Faut pas que je foire mon plan, tu comprends, je fais un film.
— ...
— Tu sais quoi, j'ai perdu Sophie. C'est nul. Ça fait deux mois que je la filme et le jour du sommet, je la perds dans la nuit. C'est naze.
— ...
— Toi tu t'en fous, mais moi j'ai les boules.
— ...
— Mais qu'est-ce qui a bien pu t'arriver pour que tu restes là ?
— ...
— T'as merdé. T'as salement merdé.
— ...
— Je sais, dans l'état où t'es, je ne devrais pas te parler. Mais c'est pas grave. J'imagine qu'ils ne doivent pas être si nombreux à te faire la causette.
— ...
— Faut dire que t'es pas causant.
— ...
— OK, je me concentre, y'en a deux qui arrivent. C'est dingue cet alignement de l'arête et du lever du soleil, ici, sur le plus haut sommet de la Terre. Je ne pensais pas qu'un jour je vivrais ça.
— ...
— Hey, dis, tu ne me croiras pas. Là, avec son pantalon jaune et sa doudoune orange, c'est Sophie qui rentre dans mon cadre. C'est Sophie qui salue de la main comme une princesse ! Sophie Lavaud sur le chemin de son Everest.

À droite : Depuis le sommet du Troisième ressaut, vue plongeante sur l'itinéraire tibétain de l'arête nord-est avec le col Nord et le glacier du Rongbuk.

Everest

LES DEUX VOIES NORMALES

Jusqu'à l'entre-deux-guerres, les Britanniques possèdent un accès privilégié à l'Everest compte tenu de leur avantage géopolitique au Tibet (Empire des Indes et présence diplomatique auprès du Dalaï-Lama). Ils considèrent le Toit du monde comme leur chasse gardée et y organisent six tentatives d'ascension entre 1921 et 1938. La donne politique change après-guerre : l'Inde gagne son indépendance (1947) et fait scission avec le Pakistan, alors que le Tibet – envahi par la Chine communiste en 1950 – se ferme aux Occidentaux. La voie traditionnelle de l'arête nord devient inaccessible. Royaume jusqu'alors fermé, le Népal au contraire décide de s'ouvrir aux étrangers. L'Everest est évidemment particulièrement convoité et le gouvernement népalais institue un tour de rôle en réponse aux demandes d'autorisation. Après une première expédition britannique en 1951, les Suisses montent très haut par la nouvelle voie du glacier du Khumbu et le col Sud. Tout proche de chiper le trophée, la cordée formée du guide suisse Raymond Lambert et du Sherpa Tenzing Norgay atteint l'altitude de 8 650 mètres en mai 1952. Les Britanniques ont tremblé et organisent leur expédition du printemps 1953 comme une opération militaire dont ils confient la direction au colonel Hunt. La cordée Tenzing Norgay-Edmund Hillary parvient au sommet le 29 mai. Aujourd'hui, la totalité des expéditions guidées se répartit sur ces deux itinéraires historiques de la conquête de l'Everest. Versant sud, la voie népalaise concentre la majorité des expéditions. Côté nord, la voie tibétaine, qui remonte la longue arête nord-est, est moins fréquentée compte tenu des aléas politiques.

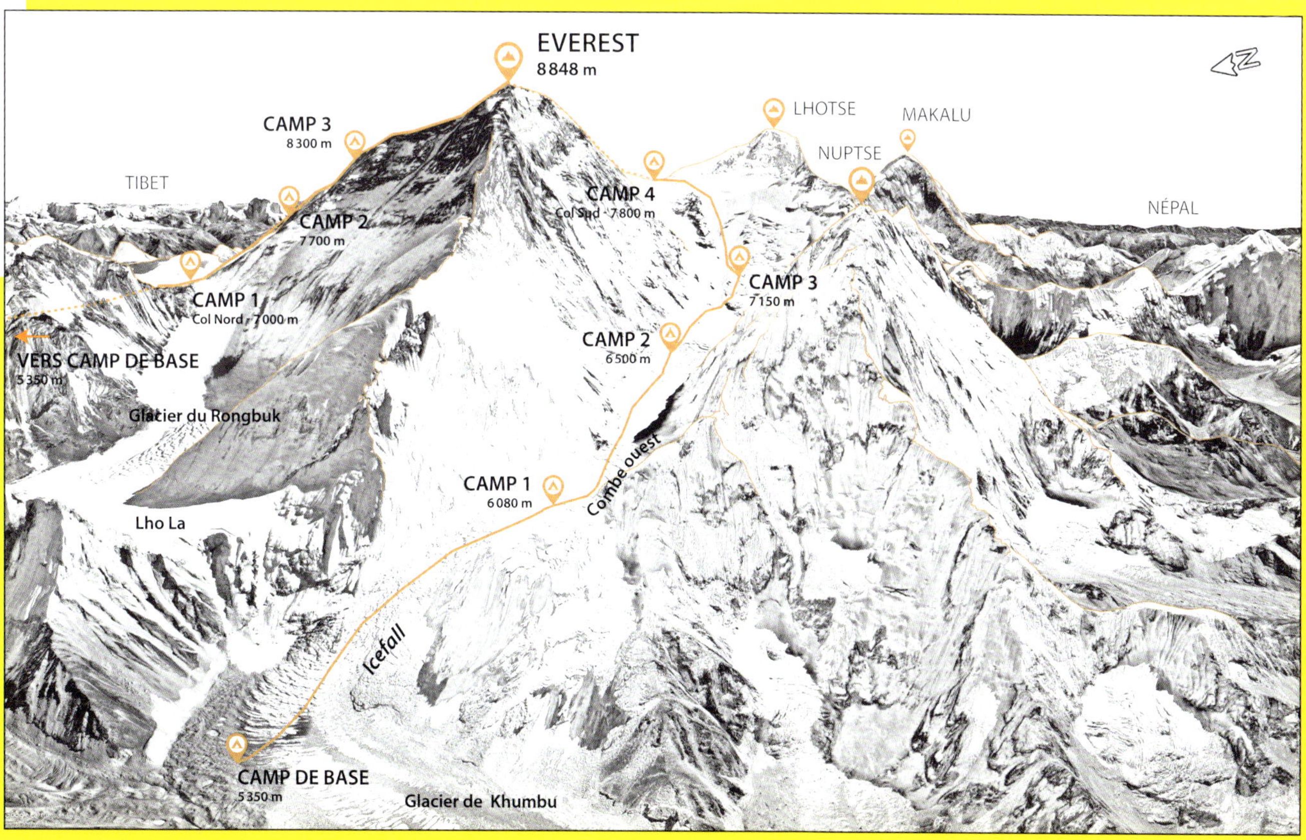

Ci-dessus : Versant népalais, coucher de soleil depuis le camp 3 (7150 m) dominant la combe Ouest. Au fond, la pyramide du Pumori (7161 m).
À droite : Passage clé de la voie tibétaine de l'Everest : le difficile Second ressaut (8570 m) où subsistent des échelles posées par l'expédition chinoise de 1975.

Je ne connais pas l'identité de ce corps raidi par le froid à qui j'ai parlé quelques instants ce 24 mai 2014. Corps tordu, momifié, couché au bord de l'abîme de la face nord. Combinaison bleue. Je me souviens de la combinaison de duvet bleu clair. D'ailleurs, est-ce bien certain ? La mémoire et l'hypoxie ne font pas bon ménage. Il se dit que 200 corps jalonnent les deux voies classiques à l'Everest. Par métonymie, les plus célèbres cadavres donnent leur nom en autant de repères balisant les itinéraires vers le sommet. Ces corps laissés à la montagne ne cessent de susciter émoi et interrogations. Comment comprendre ce qui se joue là-haut ? Comment accepter que des femmes et des hommes puissent y mourir et y rester pour l'éternité ?

LA ZONE LÉTALE

Aucun humain n'est métaboliquement constitué pour vivre en altitude. Les habitants de la ville de Riconda au Pérou vivent à 5000 mètres d'altitude, ce qui fait d'eux la population permanente la plus haute du monde. Les études scientifiques montrent chez eux une adaptation – au sens génétique – qui s'est opérée au cours des générations. Une adaptation qui n'empêche pas un quart des personnes de présenter des pathologies spécifiques à la haute altitude. Le syndrome de mal chronique des montagnes frappe de nombreux habitants qui ne supportent pas ce manque d'oxygène nommé hypoxie. Cet état se traduit par des essoufflements, des problèmes de circulation sanguine, des vertiges, des maux de tête et des nausées. Au-delà, ou plus précisément au-dessus de cette altitude : personne, aucun habitat permanent. Quelques bergers et chasseurs de passage, des cristalliers et des contrebandiers puis, plus haut, enfin, les alpinistes en quête d'absolu. C'est un médecin-alpiniste suisse, Édouard Wyss-Dunant, qui, le premier, établit le concept de « zone létale » en 1953 pour décrire la problématique des séjours prolongés en très haute altitude. Le terme sera popularisé par de nombreux himalayistes évoquant la « zone de la mort ». Plus qu'une *punchline*, mieux qu'une formule journalistique reprise à foison pour frapper le quidam, c'est une réalité physiologique résumée en quatre mots.

UN MANQUE DE PRESSION

La couche d'air qui entoure le globe terrestre exerce un poids, une pression. Nous autres humains sommes réglés pour vivre au niveau de la mer. Monter en altitude, c'est diminuer la pression atmosphérique à laquelle est soumis le corps. Moins de pression signifie respirer un air dilaté qui contient moins de molécules d'oxygène pour un même volume respiré : la capacité des poumons à capter l'oxygène s'en trouve limitée. Moins de pression, c'est aussi avoir un organisme dilaté : les échanges internes sont perturbés et le cerveau gonflé bute contre la boîte crânienne.

Bref, tout là-haut, l'homme souffre d'un manque d'oxygène pour alimenter les cellules, ce qui entraîne une perte d'efficience musculaire et intellectuelle, et d'un dérèglement de son métabolisme. Pour l'alpiniste non acclimaté ou non assisté

01

01 EVEREST SURVIVRE À L'ALTITUDE

d'oxygène supplémenté, c'est la mort en quelques heures. Puisque l'humain n'est pas conçu pour vivre en altitude, s'y aventurer, c'est se mettre en sursis. Comprendre ce phénomène physique et physiologique, c'est comprendre la trivialité de ce qui se joue sur les plus hauts sommets de la planète. Au romantisme de l'aventure répond le risque vital. Pratiquer l'himalayisme demande de s'engager, c'est-à-dire mettre sa vie en gage. Chaque prétendant connaît implicitement la règle. Plus que la difficulté technique, c'est l'expérience hypoxique qui explique tout l'attrait qu'exerce l'himalayisme de haute altitude. Une transgression radicale, un voyage au-delà.

Ci-dessus : François Damilano quelque peu hypoxié à son arrivée au camp 3 (8 300 m) de l'arête nord de l'Everest.

L'ACCLIMATATION, UN PASSAGE OBLIGÉ

À condition de respecter scrupuleusement certaines règles dans le rythme des montées en altitude, le corps humain développe une étonnante capacité d'accommodation, phénomène qui ne fut correctement compris qu'au milieu du XXe siècle. Un long effort de patience (monter par séquences de plus en plus haut, observer avec attention ses réactions, laisser au corps le temps de transformer son métabolisme) permet à l'alpiniste de « s'acclimater ». Des séjours progressifs en altitude mettent en route des processus physiologiques dont le plus connu est la multiplication de globules rouges compensant partiellement le manque d'oxygène disponible. S'acclimater, c'est permettre l'incursion vers les hauts sommets... et redescendre.

AVEC OU SANS, LE DÉBAT DE L'OXYGÈNE

Si la compréhension de la réalité du phénomène d'acclimatation implique de gérer la souffrance infligée au corps et à l'esprit par l'hypoxie, elle permet également d'accéder aux débats suscités par l'utilisation de l'oxygène en bouteille pour tenter de gravir les sommets de 8 000 mètres.
Utiliser de l'oxygène supplémenté permet évidemment de réduire les effets de l'hypoxie et de « descendre » le corps d'environ 1 000 mètres de dénivelé. Les spécialistes affirment ainsi que gravir un 8000 avec oxygène reviendrait à gravir un 7000... Des discussions virulentes ont vu le jour dès les premières grandes expéditions britanniques du début du XXe siècle opposant les adeptes de l'utilisation du « précieux gaz » (au nom de l'efficience) aux fervents défenseurs du *by fair means*, c'est-à-dire gravir la montagne par des « moyens loyaux » au nom d'une éthique.
Aujourd'hui encore, le débat qui oppose les himalayistes s'inscrivant dans l'esprit d'excellence[1] (pas d'utilisation d'oxygène, pas d'aide au portage, pas d'équipement en cordes fixes) aux pragmatiques revendiquant l'efficacité et la sécurité (l'oxygène augmente les capacités physiques et intellectuelles, préserve des effets du froid) peut être vif. Cette scission philosophique trace une frontière nette entre performance et tourisme d'altitude[2]. C'est ainsi que les chroniqueurs dressent deux listes distinctes des ascensions des sommets de plus de 8 000 mètres : avec ou sans O_2 artificielle.
Depuis la première ascension de 1953, environ 12 000 personnes ont atteint le sommet de l'Everest. Parmi celles-ci, moins de 0,02 % y est parvenue sans l'utilisation d'oxygène en bouteille et moins de dix grimpeurs *by fair means*.
Avec ou sans « ox », *by fair means* ou en expédition encadrée, les chiffres le montrent : le débat est une affaire de spécialistes. L'éclairer évite d'entretenir les confusions de style et de moyen, et permet de souligner les performances d'une poignée de grimpeurs exceptionnels. Pour autant, il ne s'agit pas d'alimenter une condescendance de bon aloi envers les prétendants à l'Everest qui s'offrent leur désir d'absolu en s'octroyant l'aide des sherpas et de l'oxygène artificiel. Une corde fixe n'est pas un ascenseur, chacun doit mettre un pied devant l'autre et faire preuve d'abnégation face aux éléments pour espérer atteindre la cime tant convoitée.

[1] Delphine Moraldo. *L'Esprit de l'alpinisme. Une sociologie de l'excellence du XIXe au XXIe siècle.* ENS Éditions, 2021.
[2] Reinhold Messner. *Femmes au sommet.* Arthaud, 2011 pour la version française.

LE CARNET DE SOPHIE

Tout là-haut

Printemps 2014

Nous sommes 77 grimpeurs recensés sur la voie historique nord-est de l'Everest. Sept femmes seulement. La très haute altitude, c'est comme les hiérarchies, plus on monte et moins on trouve de parité. Le choix de la voie tibétaine pour notre ascension est évident : elle est moins dangereuse que la voie népalaise de l'autre versant. Ici, pas de cascade de glace aux gigantesques séracs menaçants et moins de monde sur la montagne (1500 personnes sur le camp de base népalais, dont 478 prétendants au sommet). En revanche, le terrain est raide et la longue arête sommitale est entrecoupée de parois à escalader.

La montée au camp 3 a été une purge, la nuit au camp 3 un enfer. *Bad trip*, envie de vomir, froid, vent. Un classique à 7700 mètres d'altitude. Et dire que le camp 4 est à 8300 mètres ! La voie tibétaine de l'Everest a cette particularité d'être le seul itinéraire à avoir un camp d'altitude au-dessus de 8000 mètres. C'est haut. Très haut ! Trop haut ?

L'enfer de la montée au camp 4 s'intensifie. Tout est lent, laborieux, pénible. Tente mal montée sur une pente caillouteuse. Toiles qui claquent au vent. Nous ne passons que quelques heures à ce camp. L'idée est d'y faire une pause pour tenter de se reposer, mais les yeux restent inlassablement écarquillés ! Le manque d'oxygène empêche le sommeil profond. Le corps est malin : « Tiens, tu ne me donnes pas assez d'oxygène, eh bien tu ne dormiras pas ! » Sortir quelques instants pour aller aux toilettes est un challenge, une course contre la montre pour éviter de se geler les fesses. Pour de vrai.

Départ du camp à 22 h 30. Marche de nuit, grimpe de nuit. Nous dépassons les cordées les plus lentes en déclippant l'assurance de la corde fixe : petits sauts de puce, mais en tenue de cosmonaute et à vitesse d'escargot. Nima Sherpa, qui m'accompagne, est efficace et lucide. Je le sais.

Le Champignon, point d'accès à l'arête sommitale, est enfin franchi. Puis le Premier ressaut et le Deuxième ressaut... Cette arête est interminable. Voilà le Troisième ressaut qui apparaît, juste aux premières lueurs du soleil. Une beauté que l'hypoxie m'empêche d'apprécier complètement. Les montagnes alentour semblent aplaties, comme vues d'avion. L'horizon est sans fin, je perçois l'immensité de l'Himalaya. Enfin, *the Citadel*, grande pente de glace baignée d'une couleur rose orangé, sublime. La remonter d'abord, puis la contourner pour atteindre la dernière crête qui nous sépare du sommet.

Et puis, je pose mon « cul » au sommet de l'Everest comme me l'avait demandé un ami au moment du départ ! Je suis sur le point culminant de la planète ! Difficile d'y croire. Le cerveau fonctionne mal.

Et pourtant. Pourtant quelque chose cloche, nous sommes seuls au sommet. Personne n'arrive de l'autre versant, en temps normal le plus fréquenté. L'arête sud de l'Everest est vierge de traces. Où sont passés les 500 prétendants au sommet du versant népalais ? Que se passe-t-il ? Pourquoi ce privilège hallucinant, dérangeant, d'être seule au sommet de l'Everest ce 25 mai 2014 ? Dans la fameuse cascade de glace du Khumbu, 16 sherpas viennent de mourir ensevelis sous des tonnes de glace à la suite de la rupture d'un gigantesque sérac. La montagne s'est refermée sur les travailleurs de l'altitude. Le gouvernement népalais a interdit son accès pour le reste de la saison.

Voilà l'explication, voilà le moment présent. Joie intense et goût amer.

Reste à redescendre.

Sommet atteint le 25 mai 2014.

01

K2
ENSEMBLE

Lever du jour à l'arrivée au col du Bottleneck (8 400 m) juste avant les longues pentes sommitales de l'itinéraire de l'éperon des Abruzzes.

K2/CHOGORI (PAKISTAN)
QOGIR FENG (CHINE)
GRANDE MONTAGNE

Altitude : 8 611 mètres
Pays : Pakistan/Chine
Première ascension : 31 juillet 1954 par Achille Compagnoni et Lino Lacedelli. Expédition italienne dirigée par Ardito Desio.

8000

« [...] le plus fatigant, le plus déprimant que les 8000 aient à offrir : tu t'y sens vraiment comme un perce-oreille s'évertuant à grimper sur la paroi lisse d'une baignoire. »

MICHAEL DACHER

LA RÉUSSITE D'UNE EXPÉDITION GUIDÉE REPOSE SUR UNE STRATÉGIE BIEN RODÉE. L'INSTALLATION D'UN CAMP DE BASE CONFORTABLE, LA MISE EN PLACE DE CAMPS D'ALTITUDE, L'ACCLIMATATION, LA TENTATIVE DE SOMMET DANS LA BONNE FENÊTRE MÉTÉO... UNE ORGANISATION COMPLEXE AUX NOMBREUSES INTERDÉPENDANCES.

À droite : Sophie Lavaud, François Damilano et Nima Sherpa dans la montée au camp 2. Au bas de la face, le glacier Godwin-Austen s'écoule pour rejoindre l'immense fleuve de glace du glacier du Baltoro – l'un des plus longs glaciers du monde avec une longueur de plus de 60 km.

02

02 K2 ENSEMBLE

Le camp 3 est installé à 7 355 mètres, juste au début de l'épaule du K2. Après trois allers-retours d'acclimatation sur l'éperon des Abruzzes, nous sommes enfin au pied des pentes sommitales. Si proche et si loin du sommet. Reste à traverser le plateau suspendu au bout duquel nous poserons un bivouac sommaire, à escalader le grand couloir qui bute sur l'impressionnant sérac de la Bouteille, puis à remonter la croupe de neige finale. Nous sommes prêts à partir dans la nuit pour le *summit push*. L'air est calme et il ne fait pas vraiment froid. Comme d'habitude, un peu abrutis par l'hypoxie, nous nous observons fonctionner au ralenti. Monter la tente, doucement, en prenant soin de ne pas baisser la tête ; gonfler le fin matelas, lentement, sans provoquer le vertige ; installer le couchage sommairement ; s'assoupir quelques heures seulement ; « faire de l'eau » pour boire un peu de thé, surtout faire de l'eau encore pour boire, encore.

Dans la soirée, l'inquiétude monte imperceptiblement. De fines nuées masquent le paysage par intermittence et la lumière se voile. L'impressionnant Broad Peak qui nous fait face émerge au rythme des bourrasques qui forcissent. Tout en bas, la langue de glace si caractéristique du glacier Godwin-Austen entourée de ses gigantesques moraines a disparu de nos regards. Le vide s'estompe. Nous sommes suspendus. Le corps flottant, l'esprit à la dérive. Nous rêvassons à demain. Comment sera la neige ? Combien de temps pour remonter le couloir exposé aux chutes de glace ?

— *Camp 3 to base camp, camp 3 to base camp?*

La voix crachote dans le talkie-walkie.

— *Camp 3 to base camp, we are fine here. How is the weather forecast?* [1]

— *Not sure, not sure! More windy and cloudy for the night. Not sure but not clear!* [2]

Et voilà, ça recommence. La météo s'annonce clémente, alors nous montons au camp 1, au camp 2 et au camp 3, puis le temps se met à virer. Pas franchement mauvais, mais pas suffisamment beau pour que nous osions le sommet. Pour tenter, il nous faut au minimum 48 heures de temps stable.

[1] « Camp 3 pour camp de base. Tout va bien. Comment est la météo ? »

[2] « Pas sûr. Du vent et des nuages cette nuit. Pas sûr, mais pas beau ! »

Nous ne les avons pas. Après une mauvaise nuit, nous redescendrons donc jusqu'au camp de base. Nous attendrons le prochain créneau météo. Et nous recommencerons. Au bon moment, au bon endroit, en bonne forme. Ainsi se résume la stratégie d'ascension sur un très haut sommet. Trois temps qui rythment les expéditions sur les itinéraires classiques des 8000. Cinq à six semaines qui doivent permettre à chaque candidat au sommet de monter au dernier camp d'altitude en étant bien acclimaté et avec une fenêtre météo fiable. Toute l'organisation tend ainsi à l'incursion idéale en très haute altitude.

PORTEURS ET CAMP DE BASE

La petite caravane de porteurs lourdement chargés ou la file de muletiers et leurs animaux de bât restent la base d'une expédition. Sans le prolétariat d'altitude, pas d'approvisionnement régulier du camp de base. Les grands oubliés des conquêtes himalayennes semblent faire partie du décor, anonyme force de travail côtoyée les quelques jours que dure la marche d'approche. Avec sympathie et respect la plupart du temps, avec indifférence parfois. Sans condescendance ni affabilité artificielle, chacun doit trouver la juste posture, coincé aux entournures par une différence de conditions de vie trop flagrante. Chaque *member* et ses 50 kilos de vestes polaires et autre sac de couchage en plume d'oie lui permettant de vivre les semaines à venir le moins inconfortablement possible. Chaque porteur au quotidien rustique que nous n'imaginons plus pour nous-mêmes. Pourtant, il faut éviter tout jugement de valeur intempestif dans ce rapport humain quelque peu néocolonial. Chacun y trouve ponctuellement son compte, et porteur est un métier qui nourrit (modestement) des hommes et des familles. Le portage est un maillon de l'économie touristique des montagnes du Pakistan, de l'Inde et du Népal.
Un quotidien – le transport hors des communications routières – intégré au fonctionnement social et économique. Pour peu qu'on n'oublie pas qu'il s'agit d'une économie de

À gauche : Prise de vue avec une caméra 360° à l'arrivée au camp 3 (7 355 m) lors du tournage du film *K2 – Une journée particulière*. En arrière-plan, la spectaculaire pyramide du Broad Peak (8 051 m).

Le K2 en 10 dates

1856
Les Britanniques de la grande campagne de cartographie des Indes orientales repèrent une série de hauts sommets au cœur du Karakoram. Chaque cime est nommée d'un K (pour Karakoram) et d'un nombre progressif (K1, K2, K3...).

1902
Une première expédition, menée par le fameux alpiniste anglais Oscar Eckenstein (inventeur des crampons à dix pointes), se lance à l'assaut des pentes du K2. Le médecin suisse Jules Jacot-Guillarmod rapporte une incroyable série de photos stéréoscopiques.

1909
L'expédition dirigée par Luigi Amedeo di Savoia, duc des Abruzzes, confirme l'itinéraire repéré par l'expédition de 1902. Bien que les grimpeurs ne dépassent guère l'altitude précédemment atteinte, l'éperon sud-est se dénomme désormais éperon des Abruzzes.

1939
L'alpiniste américain Fritz Wiessner et le sherpa Pasang Dawa atteignent l'altitude incroyable de 8 370 mètres sans oxygène supplémenté.

1954
Première ascension le 31 juillet 1954 par les Italiens Achille Compagnoni et Lino Lacedelli.

1978
Troisième ascension (ouverture de l'arête nord-est) et première ascension sans oxygène par l'équipe américaine menée par James Whittaker.

1986
Année d'hécatombe avec la disparition de 13 personnes sur les flancs de la montagne, dont d'éminents alpinistes comme les Français Maurice et Liliane Barrard.

1986 BIS
La Polonaise Wanda Rukiewicz est la première femme à atteindre la cime du K2. Le Français Benoît Chamoux réalise une ascension expresse en 23 heures tandis que le Polonais Jerzy Kukuczka ouvre un nouvel itinéraire audacieux en face sud et signe son onzième 8000.

1991
Pierre Béghin et Christophe Profit réussissent la première ascension de l'arête nord-ouest. Parfaite escalade *by fair means* dans le très haut niveau, la voie Béghin-Profit est emblématique de l'esprit d'excellence en himalayisme.

2021
Le 16 janvier, dix Népalais issus de la fusion de deux équipes s'octroient la première ascension hivernale du K2. L'escalade du dernier 8000 en hiver par des Népalais signe un basculement socio-économique et symbolise une forme de « décolonialisme » de l'himalayisme.

Ci-dessus : L'impressionnante face sud-est du K2 et l'éperon des Abruzzes se découpant dans le ciel.

marché, car d'un pays à l'autre des différences existent. Le Pakistan a le premier normé le portage et encadré la fonction. Par des grèves et des abandons de charge, le poids maximum (30 kg) et le salaire minimum se sont imposés aux expéditions. Le Népal et l'Inde ont suivi peu à peu, soutenus par les tour-opérateurs les plus progressistes. Le Tibet, lui, se distingue par un portage exclusivement à dos de yacks, structuré par une organisation clanique et étatique qui inverse le rapport de force, transformant le plus souvent le service payé en racket organisé ! De la longue marche pour remonter jusqu'au pied du K2 ou du Kangchenjunga (une dizaine de jours) à la courte approche du Nanga Parbat (deux jours), la diversité des expériences est à l'image de la variété des paysages et des cultures.

CAMPS D'ALTITUDE ET ACCLIMATATION

La vie au camp de base s'organise comme une microsociété. Le village de toile structure l'espace choisi pour quelques semaines. Tentes individuelles, tente-mess (pour les repas), tente-cuisine et tente-dépôt sont montées, consolidées et parfois même décorées de drapeaux à prière ou de fleurs artificielles. Un peu à l'écart sont installées les drôles de petites huttes sommaires en toile : toilettes et douche ! Panneaux solaires, générateur, bidons plastiques et caisses en bois complètent immuablement le décor. Au Népal et au Tibet, le camp est dominé par un chörten de pierres, lieu de l'inévitable cérémonie de la *puja* pendant laquelle on implore les déités du sommet de permettre nos incursions en altitude.

Les porteurs sont repartis en vallée, et chacun prend ses marques au pied de la montagne. Après la marche d'approche et les montées progressives en altitude, quelques journées tampons sont bénéfiques à la deuxième phase d'acclimatation. Il y a ceux que ça ennuie, il y a ceux qui jouissent du temps retrouvé. Dorénavant, chaque incursion sur la montagne se fera au-dessus de 5 000 mètres. Commence alors le va-et-vient des sherpas (au sens « métier », que les hommes soient ou non de la fameuse ethnie népalaise). Sans leur force de travail, leur aptitude au portage, leur abnégation aux efforts en altitude, pas de sommet. Ce sont eux qui tracent, préparent les camps, portent les tentes et les bouteilles d'oxygène. Sur les montagnes les plus techniques, les différentes expéditions se mutualisent pour former une *fixing team*. Un ou deux sherpas par organisation sont délégués pour former un petit groupe de pointe chargé d'ouvrir l'itinéraire et de fixer des cordes dans les passages difficiles. Ouvriers spécialisés ou seigneurs de la haute altitude ? Un peu les deux. *Climbing sherpa* : une aristocratie du travail de haute altitude. Parmi les clients (pardon, les *members*), il y a ceux qui le reconnaissent volontiers et ceux qui feignent de l'ignorer. Grimper sans sherpa sur une voie normale d'un 8000 relève de l'exception. Revendiquer une voie normale d'un 8000

À droite : Pause de deux porteurs baltis en route pour le camp de base.

K2

ÉPERON DES ABRUZZES (ARÊTE SUD-EST)

Une journée de Jeep permet de rejoindre le hameau d'Askole depuis Skardu. Une semaine pour remonter le glacier du Baltoro et atteindre la rive droite du glacier Godwin-Austen où est installé le camp de base vers 5 100 mètres d'altitude. L'itinéraire d'ascension est celui inauguré par l'expédition de 1954 en suivant l'éperon des Abruzzes. Une fois la rive droite du glacier Godwin-Austen remontée, le camp 1 (peu de place) est installé au sommet du premier ressaut rocheux (6 080 m). Le second ressaut rocheux est entaillé de la célèbre Cheminée House (*House's Chimney*) dans laquelle pend un reste d'échelle et de nombreuses cordes délabrées. Le camp 2 (6 675 m) est installé une cinquantaine de mètres au-dessus de ce passage clé. Le camp 3 est quant à lui posé sur l'épaule (7 355 m) après avoir franchi les raides parois de la Pyramide noire (*Black Pyramid*). Enfin, le camp 4 (7 950 m) est installé sur la pente de neige au pied du couloir de la Bouteille (*Bottleneck*). Au menu du *summit push* : couloir de la Bouteille et traversée sous l'impressionnant sérac (second passage clé) pour rejoindre l'éperon sommital.

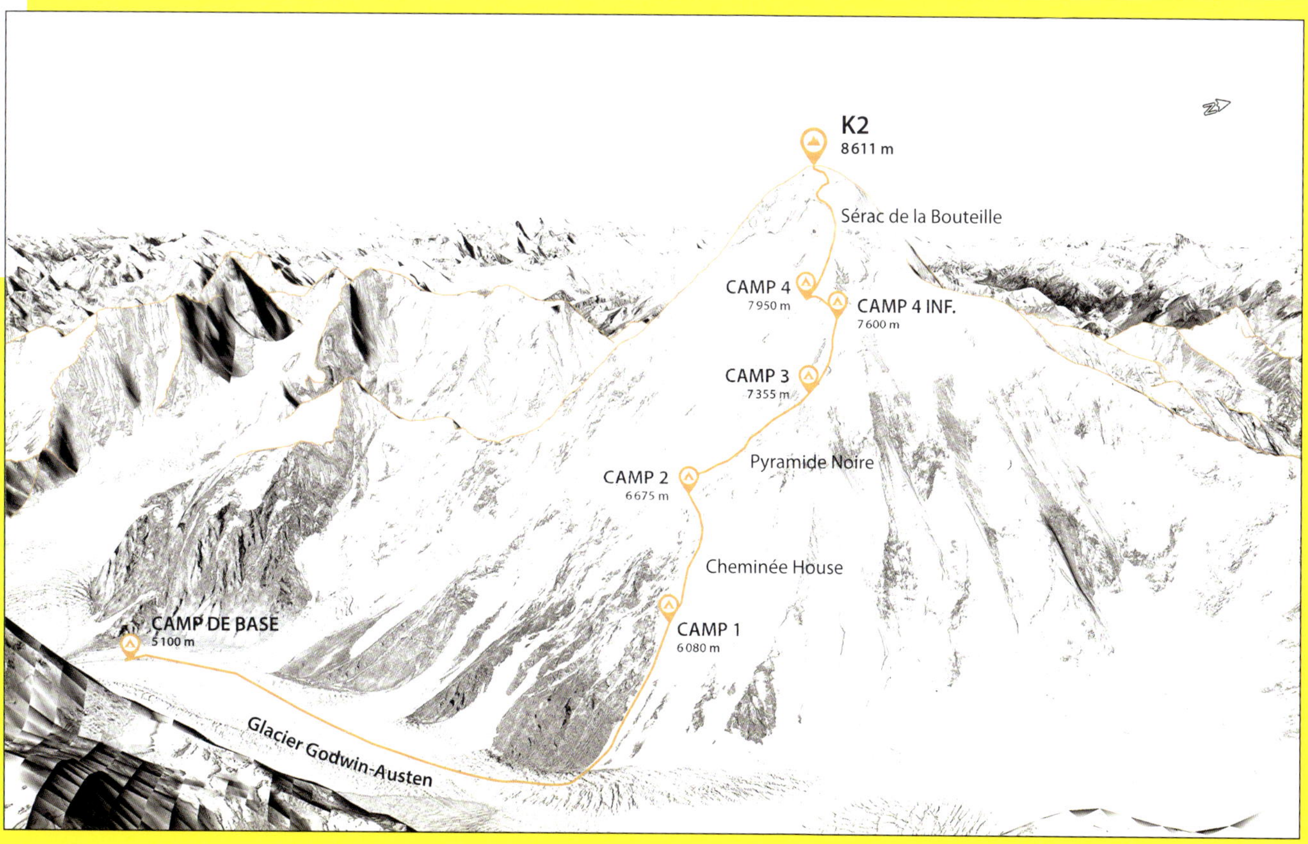

Ci-dessus : Sophie Lavaud au sommet du K2 le 21 juillet 2018.

sans aucune aide extérieure relève de la mauvaise foi. Car enfin, qui entretient la trace après chaque chute de neige ? Qui installe des cordes fixes aux passages aléatoires ?

PAS DE SHERPAS, PAS DE SOMMET

Sophie Lavaud est de celles et ceux qui disent ce qu'ils font et font ce qu'ils disent. Cette honnêteté sans détour détonne parfois dans le petit milieu de l'aventure. Bien des récits omettent pudiquement la présence des sherpas ou d'autres compagnons d'altitude. Sophie, elle, la revendique. Sans l'équipe, sans les autres, elle n'est rien face à ces énormes montagnes. Avec intelligence des situations, elle choisit les prestataires avec soin, elle coalise les motivations, elle fidélise ses compagnonnages. De sa rencontre avec Sangay Sherpa, elle tisse un lien indéfectible au cours des dix expéditions qui les mèneront ensemble sur sept des quatorze 8000. Sophie pousse même la revendication jusqu'à développer le concept de *followership*, à rebours du leadership de la novlangue entrepreneuriale. « L'éloge du savoir-suivre » ; « Sans de bons suiveurs, pas d'équipe, pas de succès » ; « Un leader seul n'est rien »... Les formules sont séduisantes, mais peut-être un peu idéalisées. Sans porteurs, Sophie ne peut bénéficier d'un camp de base ; sans sherpas qui ouvrent la route, elle ne peut monter en haute altitude ; sans compagnons d'escalade, elle ne parviendrait pas sur la plupart des sommets. Mais Sophie réunit les qualités indispensables à la création et à la gestion de projets complexes, montre des aptitudes à la vie rude, possède l'abnégation nécessaire pour tenir malgré les aléas, cultive la fidélité relationnelle, cloisonne émotions et énergie pour rester *focus*. Sophie le répète : « Sans sherpas, je ne monte pas là-haut. » Une franchise qui ne doit pas masquer ses qualités d'audace, de tempérance et de résilience.

SUMMIT PUSH

Quelques semaines après l'arrivée au camp de base et des allers-retours aux camps d'altitude pour parfaire l'acclimatation, les *members* sont prêts à tenter d'atteindre le sommet. Pour peu que la motivation soit intacte. Reste à s'aligner sur les prévisions météorologiques. Le jeu de Go consiste à se positionner au dernier camp d'altitude au mieux de sa forme et au moment du créneau météo le plus favorable. Il faut parier sur les quelques heures de beau temps et de vent faible pour éviter le trop grand froid. Comme trois à quatre jours sont nécessaires pour rejoindre le dernier camp, l'art du sommet se joue dans l'anticipation, dans la capacité à décrypter les bulletins météo désormais reçus via un modem satellitaire.
Au K2, nous sommes remontés une quatrième fois sur l'éperon des Abruzzes. Dans le mauvais temps et en visant l'amélioration annoncée. Petits grimpeurs remplis d'espérance. Hasard ? Destin ? Juste avant que nous y passions la nuit, une avalanche a balayé notre dernier camp d'altitude, emportant notre matériel entreposé et tous nos rêves.
Sophie reviendra deux années plus tard et parviendra sans coup férir sur le deuxième sommet de la Terre. Avec Sangay Sherpa et sa motivation inébranlable.

LE CARNET DE SOPHIE

La poupée de chiffon

Le K2, plus je m'en approche, et plus j'ai envie de fuir. Attraction-répulsion, sa beauté est sans égale.
J'ai déjà tenté son ascension en 2016. Une expédition interrompue brutalement au moment du *summit push* par une énorme avalanche. Immense déception, mais soulagement de ne pas avoir été balayés nous-mêmes ! Je connais donc le chemin lorsque j'y retourne en 2018. L'ambiance est bonne dans l'équipe cosmopolite composée de cinq femmes et de cinq hommes regroupant dix nationalités différentes !
Rotation d'acclimatation avant de tenter le sommet. Après une nuit au camp 1, à 6100 mètres, le temps est beau et nous continuons en direction du camp 2. Tout est raide sur le K2, c'est un mélange entre pentes de neige, mixte et rocher. Pas de joker ici, la moindre erreur se paie *cash*.
Après une section en rocher difficile, petite pause. Derrière moi, Noel - ami irlandais, ancien policier devenu aventurier - et Naoko - amie japonaise avec qui j'ai déjà partagé plusieurs expéditions. J'hésite entre traverser le couloir raide en neige avant ou après la pause. Je décide de m'arrêter avant de m'y engager... Je grignote quelques fruits secs, appuyée à la paroi rocheuse, et me tourne pour regarder la pente, celle qui nous attend.
Soudain, une boule rouge dévale le couloir. Bizarre, on dirait un sac de couchage dans sa housse de compression. Un fragment de seconde plus tard, c'est une masse énorme multicolore qui débaroule comme une grande poupée de chiffon. Puis une moufle, seule. Étrange. Mon cerveau n'imprime pas.
Les radios se mettent à crépiter. Juste derrière moi, Ngima Sherpa me dit : « *Japanese member.* » Quoi le Japonais ? Naoko, elle, est juste derrière nous.
Un Japonais qui vient de tomber ? Je ne comprends toujours pas. Ngima reprend : « *No, mistake! Canadian member!* »[1]
Mon cerveau se remet à fonctionner. Cette poupée de chiffon était en réalité un être humain qui dévalait la pente. Cet être humain, c'est Serge, membre de la petite expédition québécoise.
Cinquante mètres plus bas, j'aperçois Maurice, son ami de toujours. Il était resté avec nous la veille, ne se sentant pas assez bien pour continuer avec Serge. Que lui dire ? Pas besoin de mots, il a déjà compris. Il me crie qu'il fait demi-tour. Et Nathalie qui accompagnait Serge, où est-elle ? Je décide d'aller à sa rencontre. Traversant ce maudit couloir, un frisson me parcourt le dos. Et si je ne m'étais pas arrêtée pour faire cette pause ? Jumar, piolet, crampon ; crampon, jumar, piolet ; crampon, crampon. Je veux retrouver Nathalie au plus vite. Enfin, je la vois qui descend tranquillement. M'apercevant, elle me salue d'un large sourire. Elle ne sait donc pas. Noel, avec son expérience d'ancien policier, me prend le bras et me dit que c'est à moi d'informer Nathalie, de lui parler en français, de trouver les mots et de rester près d'elle. Le choc va être violent.
— Tu as vu Serge ? Il a quitté la tente avant moi.
Je me rapproche d'elle, je lui prends les mains.
— Serge a eu un accident.
— Mais non, il est correct.
— Non Nathalie, il n'est pas correct, il a eu un accident, il est tombé.
— Mais il est où ?
— Il est tombé jusqu'en bas, jusqu'au glacier...
L'état de choc est immédiat. Si je laisse Nathalie descendre dans cet état, je crains un deuxième accident. Je lui annonce que je vais l'accompagner jusqu'au camp de base.
J'aide Nathalie sur chaque section de rappel à mettre son descendeur, à vérifier sa sécurité. Je l'exhorte à rester concentrée. À chaque fois que je tourne la tête, je vois cet insupportable sillon rectiligne creusé dans la neige qui file à perte de vue dans l'abîme. Le sillon creusé par la chute de Serge. Descente interminable, Nathalie dans un état second.
Au pied de la face, nous retrouvons l'équipe de secours. Le corps de Serge est déjà recouvert d'une housse qui ne laisse dépasser que les grosses chaussures d'expédition. Son ami Maurice est à genoux.
J'ai longtemps été hantée par la poupée de chiffon. Mais Nathalie est en vie.
Sommet atteint le 21 juillet 2018.

[1] « Un client japonais ! » « Non, erreur, un Canadien ! »

KANGCHENJUNGA
LA COURSE AUX 8000

Déambulations sur la partie supérieure du glacier pour rejoindre le camp 3 (6 850 m).

03

KANGCHENJUNGA
LES CINQ TRÉSORS DE LA GRANDE NEIGE

Altitude : 8 586 mètres
Pays : Népal/Inde
Première ascension : 25 mai 1955 par George Band et Joe Brown ; 26 mai 1955 par Tony Streather et Norman Hardie (NZ). Expédition britannique dirigée par Charles Evans.

8000

« Pendant l'ascension, je ne m'étais jamais posé la question de savoir si ce que nous faisions avait un sens ou non. J'étais moi-même la réponse. »

REINHOLD MESSNER

TOUT CELA EST LA FAUTE DES GÉOGRAPHES ATTACHÉS AU SYSTÈME MÉTRIQUE ! CHERCHANT UN ORDRE DANS CE FATRAS DE SOMMETS HIMALAYENS, ILS ONT COMPTÉ QUATORZE SOMMETS DE PLUS DE 8 000 MÈTRES. UN PAR MASSIF PRINCIPAL, VOILÀ QUI FAISAIT JOLI SUR LEUR CARTE. ILS ONT CERTES NÉGLIGÉ QUELQUES CIMES QU'ILS JUGEAIENT SECONDAIRES, MAIS « QUATORZE 8000 » SONNAIT CLAIR AUX OREILLES DES HOMMES ET DES NATIONS.

À droite : Certaines années, les crevasses les plus complexes sont équipées d'échelles par les sherpas de la *fixing team* pour faciliter leur franchissement lors des différentes rotations sur la montagne.

03

03 KANGCHENJUNGA LA COURSE AUX 8000

À droite : Montée au camp 4 (7400 m), en arrière-plan la grande paroi du Kabru (7412 m).

Un demi-siècle est passé entre la première tentative d'ascension d'un sommet de plus de 8000 mètres (par l'incroyable Mummery en 1895 au Nanga Parbat) et la réussite française à l'Annapurna (Maurice Herzog et Louis Lachenal) le 3 juin 1950. Après l'Annapurna, quatorze années ont suffi pour que les quatorze 8000 soient gravis (1950-1964). Les nations européennes s'offrant la part du lion : Autriche 4, France 2, Suisse 2, Grande-Bretagne 2, Italie 1, USA 1, Japon 1, Chine 1. Que restait-il à inventer en Himalaya pour faire briller l'alpinisme et ses héros ? Ouvrir de nouveaux itinéraires, bien sûr ! Logique historique de l'art de gravir les montagnes. Imaginer de nouvelles voies d'accès aux sommets, c'est oser affronter des arêtes et des faces plus raides, plus compliquées, plus difficiles. C'est jouer avec l'aléatoire. En 1962, une expédition allemande réussit une nouvelle ascension du Nanga Parbat par une voie difficile s'élevant directement au-dessus du glacier de Diamir. Au printemps 1963, les Américains Tom Hornbein et Willi Unsoeld atteignent l'Everest par l'arête ouest et redescendent par la voie déjà classique du col Sud. Non contents d'avoir inauguré un nouvel itinéraire, ils s'offrent ainsi la première traversée d'un 8000, et pas n'importe lequel ! Les années soixante-dix vont quant à elles connaître le foisonnement des variantes et des escalades spectaculaires. La plus marquante est sans doute la ligne tracée en mai 1970 dans l'impressionnante face sud de l'Annapurna par une équipe britannique menée par Chris Bonington. Une nouvelle voie exposée aux chutes de glace et aux avalanches sur une paroi abrupte de 2500 mètres de haut.

PREMIER VAINQUEUR DES QUATORZE 8000

En 1975, avec déjà trois 8000 à son actif, Reinhold Messner prend la tête d'une collection qu'il ne cessera d'évoquer avec ambivalence. « Dès lors, j'ai toujours été en première place sur cette liste détestée et sans cesse mise à jour par les journalistes et les alpinistes : *Qui a le plus de 8000 ?* » Au milieu des années quatre-vingt, il est talonné par Jerzy Kukuczka. Le Polonais a

Le Kangchenjunga en 10 dates

1849

La montagne est mesurée par le géomètre britannique Andrew Scott Waugh qui estime son altitude à 8 588 mètres. *Good job!* Le Kangchenjunga est alors considéré comme la plus haute montagne du monde.

1899

Le géographe-alpiniste britannique Douglas William Freshfield et le photographe italien Vittorio Sella réalisent un circuit autour du Kangchenjunga et dressent une première carte de la région.

1905

Le médecin-photographe suisse Jules Jacot-Guillarmod (celui du K2 de 1902) tente sans complexe l'ascension de la troisième plus haute montagne du monde. Un membre de l'expédition et quatre porteurs meurent en chutant dans une crevasse.

1929-1930-1931

Succession de trois tentatives allemandes sur le difficile éperon nord-est et en face nord-ouest. Les deux dernières déplorent des victimes. La réputation d'inaccessibilité du Kangchenjunga se renforce.

1955

Première ascension le 25 mai 1955 par les Britanniques George Band et Joe Brown. Les hommes s'arrêtent deux mètres sous le sommet pour respecter le caractère sacré de la montagne, le chef d'expédition Charles Evans en avait fait la promesse aux autorités du Sikkim.

1975

Une expédition japonaise parvient au sommet ouest dénommé Yalung Kang (8 505 m). Massif autant que montagne, le Kangchenjunga présente quatre sommets distincts dépassant 8 000 mètres.

1983

Le Français Pierre Béghin réalise une remarquable ascension en solitaire *by fair means*, la première de la montagne.

1986

Première ascension hivernale le 11 janvier par les Polonais Krzysztof Wielecki et Jerzy Kukuczka.

1992

L'idole polonaise Wanda Rutkiewicz disparaît en tentant d'atteindre seule le sommet via la face nord-ouest.

1995

Erhard Loretan est au sommet du Kangchenjunga en compagnie de son ami Jean Troillet. Le Suisse devient le troisième homme à avoir gravi les quatorze 8000.

réussi l'ascension de son premier 8000 presque dix années après l'Italien, mais il montre une détermination et une efficience impressionnantes. De 1979 à 1985, il compte déjà neuf 8000 à son actif, la plupart gravis par des voies nouvelles, en solo ou en hiver. Le challenger est à la taille du maître. Alors que le milieu des alpinistes voudrait se désintéresser de la compétition induite, la course aux 8000 alimente les chroniques alpines.
En roi des cimes, Messner termine le grand chelem himalayen le 16 octobre 1986 par un étrange sprint sur le Lhotse réussi au pas de charge et avec un fort vent de dos (véridique). Seize années après son premier 8000, Messner est *The King*. Désormais, le fameux grimpeur ne sera plus jamais évoqué sans son titre de noblesse himalayen : *Reinhold Messner, premier vainqueur des quatorze 8000.*
Restent deux places à prendre sur le podium de l'histoire de l'himalayisme et de la gloire sportive. Jerzy Kukuczka, honorable médaille d'argent, boucle sa collection en 1987. Quant à la troisième place, elle donne lieu à une étrange et dramatique concurrence.

KANGCHENJUNGA, LA CONCURRENCE FRANCO-SUISSE

En 1995, une compétition informelle s'instaure. Qui du Suisse Erhard Loretan ou du Français Benoit Chamoux rapportera la médaille de bronze des quatorze ? À l'automne, seul le Kangchenjunga – troisième plus haut sommet de la planète – manque à la liste des deux hommes. Ils se retrouvent au même moment au camp de base avec le même objectif en ligne de mire. Unité de temps, unité de lieu, unité d'action. C'est Boileau convoqué en Himalaya : « *Qu'en un lieu, qu'en un jour, un seul fait accompli / Tienne jusqu'à la fin le théâtre rempli.* »
Ce 5 octobre, les prétendants partent à 2 h du matin du dernier camp posé à 7 800 mètres. Les premiers rayons de

À gauche : Le camp 3 (6 850 m) et le camp 2 (les petits points dans la combe glaciaire, 6 250 m) sur fond de l'emblématique et difficile Jannu (7 710 m) dont la première ascension avait été réussie par une expédition française en 1962.

soleil viennent de frapper le Gangway, grand couloir issu du West Col. À plus de 8 000 mètres d'altitude, les Français Benoît Chamoux et son caméraman Pierre Royer ne réussissent plus à suivre le rythme des deux Suisses Erhard Loretan et Jean Troillet. Chamoux, Royer et trois sherpas continuent malgré tout. Chamoux est fatigué. En effet, ces derniers mois, à peine redescendu du Makalu, son treizième 8000, il s'était échiné à trouver des partenaires pour boucler le budget de son expédition.
Soudainement, Chamoux et Royer se retrouvent seuls. Rik-u, l'un des trois sherpas, a glissé sans pouvoir enrayer sa chute. Les deux autres sont descendus à son secours. Benoît et Pierre attendent. La radio crache la nouvelle : Rik-u, compagnon des quatre dernières expéditions de Chamoux, n'a pas survécu à la chute. Benoît hésite. Quelques heures d'escalade et tout sera derrière lui. Et puis, il y a cette trace et au-dessus, Loretan et Troillet...
Les deux hommes reprennent l'ascension. Il est déjà tard lorsqu'ils croisent les deux Suisses sur l'arête sud-ouest à plus de 8 400 mètres d'altitude. Loretan redescend avec la réussite de son quatorzième 8000. Pierre Royer fait demi-tour. Benoît continue. Sans doute le sommet lui apparaît-il proche. Une heure ? Deux heures ? L'infini.
À la nuit, Chamoux finit par renoncer. Le vent souffle, le soleil disparaît à l'horizon. La nuit fige la montagne.
Le lendemain matin, Benoît Chamoux appelle le camp de base. Il est épuisé. Il ne sait pas où est son ami Pierre Royer. Troillet, redescendu d'une seule traite depuis le sommet, est derrière

À gauche : Partie supérieure du Kangchenjunga avec l'emplacement du dernier camp d'altitude et les pentes soutenues qui mènent au sommet.
À droite : Camp 4 (7 400 m) face au Jannu.

Kangchenjunga

FACE NORD-OUEST, VOIE DE LA PREMIÈRE ASCENSION DE 1955

Depuis Katmandou, vol jusqu'à Bhadrapur, Jeep jusqu'à Ilam (1700 m) au cœur des plantations de thé, puis d'Hapukhola (1080 m). Trek sauvage et peu fréquenté via Ksebang, Yamphudin, Tortong, puis Cheram.
De Cheram (3 880 m), le camp de base se rejoint en hélicoptère pour éviter l'immense moraine du glacier du Yalung devenue dangereuse et instable depuis le tremblement de terre de 2015.
Du camp de base (5 480 m) situé au pied de la face, l'itinéraire remonte le glacier crevassé de Yalung où sont installés deux camps d'altitude (6140 m et 6 250 m) avec un passage exposé aux chutes de pierres. De grandes pentes raides barrent l'accès au camp 3 (6 850 m), puis un long cheminement glaciaire mène au camp 4 (7 400 m).
Des pentes soutenues permettent de rejoindre l'arête sommitale qu'il faut parcourir (courtes sections d'escalade) pour rejoindre le sommet.

son télescope : « Soudain, je l'ai vu bouger sur l'arête, derrière un rocher à l'abri du vent. Je lui ai parlé un moment pour l'encourager. Il m'a demandé où était le col, la voie de descente. Je l'ai guidé, il s'est relevé, a fait une dizaine de pas, s'est assis longtemps dans la neige. Puis il a disparu derrière l'arête. »
On ne reverra plus Benoît Chamoux ni son compagnon Pierre Royer.

LA MALÉDICTION FRANÇAISE

Depuis l'Annapurna de 1950, l'expertise de l'himalayisme hexagonal est de renommée mondiale. La magnifique conquête du Makalu en 1955 a confirmé la maîtrise et le talent des hommes d'une nation qui s'est redressée. Puis les réussites de nouvelles voies techniques sur des 7000 acrobatiques ou sur des 8000 prestigieux durant les décennies suivantes n'ont cessé d'entretenir l'aura d'excellence des alpinistes français. Pourtant, tous ceux qui vont se lancer dans la course aux quatorze 8000 vont y laisser la vie. Tous. Y compris les plus grands.
Maurice et Liliane Barrard – le couple le plus haut du monde – prisonniers des pentes du K2 en 1986. Quatre 8000.
Pierre Béghin – l'homme des solos du Kangchenjunga et du Makalu – tombé dans la face sud de l'Annapurna en 1992. Cinq 8000.
Benoît Chamoux – spécialiste des organisations en haute altitude – perdu près du sommet du Kangchenjunga. Treize 8000.
Chantal Mauduit – la femme qui peignait des tournesols sur ses tentes – ensevelie par une avalanche au Dhaulagiri au printemps 1998. Six 8000.
Éric Escoffier – le grimpeur qui avait imaginé gravir les quatorze 8000 en trois ans seulement – disparu sur l'arête sommitale du Broad Peak en juillet 1998. Cinq 8000.
Jean-Christophe Lafaille – fort grimpeur et fort alpiniste – évanoui au Makalu au cœur de l'hiver 2006. Onze 8000.
Ludovic Challéat – guide et logisticien hors pair – emporté par une avalanche sur le Manaslu en 2012. Six 8000.

À droite : Sophie Lavaud dans la paroi sommitale du Kangchenjunga dont l'ombre se projette sur l'horizon. En arrière-plan, l'enfilade du Yalung Kang (8505 m, mais non compté dans les quatorze 8000) et du Jannu (7710 m).

Ci-dessus : Dawa Sangay Sherpa et Sophie Lavaud au sommet du Kangchenjunga le 15 mai 2019. Une réussite qui fête l'anniversaire de Sophie et récompense la persévérance.

Tous n'envisageaient pas leurs ascensions dans un même style. Mais la statistique implacable et cruelle semble rappeler que, fréquentée à haute dose, la très haute altitude tue irrémédiablement.

SOPHIE LAVAUD, L'OUTSIDER IMPROBABLE

Sophie Lavaud a le charme des candides qui bousculent les codes en feignant de les ignorer. Elle rêve de sommets ? Un pari amical la mène au mont Blanc. Voir le monde étanche sa curiosité ? Elle s'offre de beaux treks et tutoie les altitudes extraeuropéennes jusqu'au sommet du Kilimandjaro (Afrique, 5 895 m), de l'Aconcagua (Amérique du Sud, 6 962 m) et de hauts cols himalayens. Elle traverse un creux de vague professionnel ? Elle dépense ses quelques économies en s'inscrivant à une expédition « guidée » sur un 8000, persuadée que son modeste *curriculum vitae* alpin ne la fera pas dépasser le stade de la sélection administrative. Mais la voilà roulant sur les routes du Tibet au sein d'une petite expédition commerciale. Sa confiance et sa détermination la mènent au sommet central du Shisha Pangma (8 008 m), puis 14 jours plus tard au sommet de l'imposant Cho Oyu (8 188 m). S'interrogeait-elle de savoir si l'air est réellement plus léger au-dessus de 8 000 mètres ? Aux amis qui l'interrogent sur ses projets après ces belles réussites impromptues, elle nie qu'elle ira un jour titiller les flancs de l'Everest. « Trop haut, trop cher, pas pour moi. » Et pourtant, elle se dressera bientôt sur le Toit du monde. Le grand Himalaya semble l'avoir phagocytée. Mais comment repartir en l'absence de fortune personnelle ? En apprenant à communiquer davantage évidemment, en racontant, en partageant le rêve du départ. Mais ne pas trop dire, juste ce qu'il faut. Éviter l'esbroufe, distiller à mesure. Nouveaux départs, sommets moins accessibles ? C'est expérimenter, apprendre à renoncer parfois, recommencer toujours. Elle a laissé tomber son nouveau job, pris son bâton de pèlerin et appris à vendre son histoire. Elle vogue intelligemment entre une vraie modestie alimentée par un sentiment d'usurpation « je ne suis pas professionnelle, je ne suis pas grimpeuse de haut niveau » et une conscience aiguë que son palmarès commence à parler pour elle. Mais que nenni, elle ne dira rien. Rien de l'hypothèse de la collection, rien de l'hypothèse soudaine du grand chelem himalayen. Elle a emmuré son projet en elle malgré les réussites qui s'accumulent : Gasherbrum II, Broad Peak, Makalu, Annapurna et surtout ce si grand Kangchenjunga, enfin atteint à la quatrième tentative.

LE CARNET DE SOPHIE

03

L'école du renoncement

Mes amis m'interrogent : « Comment est-ce possible, concevable, imaginable que tes compagnons d'aventure ne t'aient pas attendue ? »
L'hypoxie est un phénomène singulier qui affecte non seulement la prise de décision, mais également la mémoire. Une situation qui pourrait paraître évidente dans les Alpes n'est pas du tout gérée à l'identique dans la « zone de la mort ».
Le Kangchenjunga est une très grande montagne, puissante, massive. Le *summit push* impose 1200 mètres de dénivelé. Le plus long de tous les 8000. Il m'a fallu trois tentatives pour réussir. Une forme d'abnégation, de recommencement, d'obstination.
Peu de grimpeurs tentent ce sommet : c'est loin, l'accès est compliqué, et les secours presque impossibles.
Au printemps 2018, nous formons une belle équipe. Je suis entourée de mes amis Marco l'Italien, Noel l'Irlandais, Sergey le Russe, Herbert l'Allemand, Don l'Américain. Comme souvent, c'est « Sophie et les garçons ». J'aime être entourée, j'aime partager.
Et puis, il y a aussi Nadav l'Israélien, Maya la Népalaise, Chaba le Hongrois, Naoko la Japonaise et Swee le Singapourien. Quelle mixité ! Quel mélange de cultures qui convergent vers un même objectif !
Début mai, une météo exécrable nous impose onze longues journées d'attente au camp de base à 5480 mètres. Puis les signaux passent au vert. Tout ce petit monde se met en route et se retrouve au dernier camp d'altitude. L'équipe de tête – la *fixing team* – nous devance de quelques heures. Partir juste derrière ces sherpas chargés de sécuriser les parties techniques, c'est risquer de se faire piéger à attendre. À ces altitudes, se refroidir et s'exposer à l'endormissement, c'est mettre sa vie en jeu. Grimper en binôme entouré de ses amis est donc une force et une forme de sécurité. Comme d'habitude sur ces grosses montagnes, nous quittons le dernier camp en fin d'après-midi avec l'objectif de redescendre le lendemain avant la nuit.
À midi, nous sommes encore loin du sommet. Don, Chaba et Marco, qui grimpent sans oxygène, font demi-tour. Le rythme ralentit et, comme je le craignais, nous rattrapons la *fixing team*. Noel, Swee et Naoko abandonnent à leur tour. Chhepal, le sherpa de tête, me demande mon piolet pour faire un ancrage de corde. J'accepte bêtement. Me voilà sans piolet à plus de 8000 mètres. Nadav et Maya tournent également les talons.
Ne pas douter, rester focus.
À la sortie d'un mur qui débouche sur une arête, Dorjee, qui m'accompagne, n'a plus d'oxygène.
Je regarde mon altimètre : 8455 mètres. Je lui intime l'ordre de redescendre.
Je rejoins Sergey et Herbert un peu plus haut. Il est déjà 16 h. Que faire ? La *fixing team* a également abandonné. Nous sommes seuls sur la montagne avec Pemba, Lakpa et Chris qui nous ont devancés.
Que signifie une concertation à cette altitude avec le cerveau totalement ramolli par l'hypoxie ? Sergey et Herbert veulent continuer. Derrière nos masques à oxygène, chacun envoie des sons, persuadé que l'autre entend et comprend. J'explique que je veux aller avec eux, mais pas sans corde ni piolet. Je redescends auprès de Dorjee pour récupérer ce matériel.
Il vérifie mon oxygène puis entame sa descente.
Je me retourne, et stupeur, mes amis sont déjà loin.
Ils ne m'ont pas attendue ! C'est un choc.
Au sommet, ils ne m'attendront pas non plus, je serai donc également seule pour la descente. Le moindre problème et c'est la mort. Je le sais. Je renonce 130 mètres sous le sommet.
En descendant, je rattrape Nadav, seul et très lent.
Il m'assure que tout va bien. Je rejoins enfin le camp 4. Il est 20 h, je suis fracassée. Je m'endors épuisée, déshydratée. Sergey et Herbert ont atteint le sommet et sont de retour au camp à 2 h du matin, soit dix heures après les avoir quittés sur l'arête sommitale ! Ils ont failli ne pas redescendre.
Au réveil règne une agitation anormale. Les radios crépitent. Nadav n'est pas rentré. Une centaine de mètres en amont du camp, un point noir immobile au milieu de la trace. C'est Nadav qui n'a pas réussi à rejoindre sa tente.
Ce renoncement à 8455 mètres, si près du sommet, m'a sauvé la vie.
2017 Première tentative – demi-tour à 8100 mètres.
2018 Deuxième tentative – demi-tour à 8455 mètres.
2019 Sommet atteint le 15 mai.

LHOTSE
ICEFALL DOCTORS

Le soleil émerge de l'Everest, inondant de lumière la combe Ouest et laissant encore dans l'ombre la vertigineuse face nord du Lhotse.

04

LHOTSE
PIC SUD

Altitude : 8 516 mètres
Pays : Népal/Chine
Première ascension : 18 mai 1956 par Fritz Luchsinger et Adolf Reiss. Expédition suisse dirigée par Albert Eggler. Versant nord-ouest.

8000

« Personne ne nous oblige à travailler en montagne où la survie est aléatoire. »

TASHI TENZING SHERPA

SOMMET JUMEAU DE L'EVEREST, LE LHOTSE SE DRESSE DANS L'OMBRE DE SON ILLUSTRE AÎNÉ DONT IL N'EST SÉPARÉ QUE PAR LA GRANDE SELLE DU COL SUD. COMME DEUX BRAS OUVERTS VERS LE CIEL, LES DEUX SOMMETS SEMBLENT SE TENDRE VERS LES PRÉTENDANTS QUI S'ÉCHINENT À FRANCHIR LE REDOUTABLE *ICEFALL* DU GLACIER DU KHUMBU.

À droite : Séracs surplombants, larges crevasses : chaque saison les *Icefall Doctors* équipent les passages les plus chaotiques avec des échelles aboutées. Compte tenu de la vitesse d'écoulement du glacier, l'équipement doit être sans cesse stabilisé et rapiécé pour permettre aux alpinistes et sherpas les allers-retours entre le camp de base et le camp 1 commun à l'Everest et au Lhotse.

04 LHOTSE ICEFALL DOCTORS

À droite : Immensité du chaos de glace formé par l'*Icefall*, la trace s'insinue dans l'entrelacs des crevasses et des séracs instables.

À la fin des années trente, les tensions anglo-indiennes – prémices de l'indépendance de l'Inde –, la relation sympathisante de Lhassa avec Berlin, puis la Seconde Guerre mondiale, interrompent l'élan britannique vers l'Everest. Le 7 octobre 1950, 40 000 soldats de la force armée chinoise pénètrent au Tibet. L'armée tibétaine ne dispose pour les arrêter que d'une armée hétéroclite de 8 500 hommes et d'un arsenal sommaire. Malgré des résistances de Tibétains et des guerriers khampas qui se battent farouchement à cheval et au sabre, la lutte est évidemment trop inégale. De facto, l'indépendance que le Tibet avait réussi à maintenir sous une forme de protectorat britannique vis-à-vis de son puissant voisin vole en éclats sous les coups de boutoir des troupes de l'Armée populaire de libération. Exit l'accès privilégié des expéditions de l'Empire sur le flanc nord de l'Everest. Les alpinistes de Sa Gracieuse Majesté doivent trouver un autre passage vers leurs rêves de haute altitude. Les regards se tournent évidemment vers le Népal (l'Everest étant à cheval sur la frontière népalo-tibétaine) qui, justement, commence à accorder quelques autorisations en instituant un tour par nation.

ACCÉDER À LA COMBE OUEST

Tout est à faire pour l'équipe qui remonte la vallée du Khumbu alors mal connue. Il s'agit de repérer et trouver un nouvel itinéraire pour gravir le point culminant de la Terre. À l'automne 1950, Bill Tilman et Charles Houston, deux briscards de l'exploration himalayenne, campent sur le glacier népalais qui s'écoule directement du versant sud-ouest de l'Everest. Malgré, ou à cause de leur expérience, les alpinistes n'imaginent pas la possibilité de remonter le gigantesque enchevêtrement de glace qui barre l'accès à cette grande combe et ce haut col. Itinéraire qui pourrait mener au Toit du monde. Ils se persuadent que l'arête nord tibétaine reste le seul itinéraire envisageable. Pour cela, il faudrait franchir la difficile croupe du Lho La à 6 000 mètres d'altitude et basculer illégalement au Tibet. Complexe stratégiquement, inenvisageable diplomatiquement.

Un an plus tard, une autre équipe britannique est sur les lieux avec l'ambition de trouver un passage dans l'impressionnant glacier. L'itinéraire est dangereux et mouvant, barré de crevasses abyssales et sous la menace de tours de glace en équilibre instable. Toutefois, à force d'opiniâtreté, les hommes parviennent au seuil de la combe Ouest. Un verrou psychologique a sauté. De cette reconnaissance fructueuse, les Suisses de 1952 allaient tirer un profit immédiat. Sans tergiverser, ils s'engagent dès leur arrivée dans le labyrinthe de glace, franchissent par une escalade acrobatique la dernière crevasse et accèdent au plateau supérieur du glacier subitement débonnaire. La route est ouverte, ce qui permet au Genevois Raymond Lambert et

« Une alternative pour sauver des vies ? »

L'himalayiste français Marc Batard et ses amis s'acharnent depuis plusieurs années à inaugurer un nouveau passage qui éviterait le franchissement de l'*Icefall* du Khumbu, avec la volonté affichée d'éviter d'exposer sherpas et alpinistes à la dangerosité du glacier. Au départ d'un nouveau camp de base installé plus bas près des moraines de Gorak Shep (vers 5 200 m), la voie remonterait le contrefort rocheux du Nuptse, se poursuivrait par une arête et une selle neigeuse avant de redescendre dans la combe Ouest. Un itinéraire difficile à finaliser dont la complexité suscite commentaires et perplexité.

Le Lhotse en 10 dates

1921

Le Lhotse est repéré dès les premières expéditions britanniques à L'Everest.

1955

Une première tentative d'ascension est menée par l'immense barrière côté sud de la montagne. L'expédition internationale se rabat sur la combe Ouest désormais bien connue pour son accès à l'Everest, avant d'être repoussée par le mauvais temps.

1956

Première ascension le 18 mai par les Suisses Fritz Luchsinger et Adolf Reiss.

1970

Ascension du Lhotse Shar, voisin du Lhotse, par une expédition suisse. Malgré son altitude de 8 400 mètres, le Lhotse Shar n'a pas été comptabilisé par les géographes comme un 8000 à part entière parce que considéré comme trop proche du Lhotse.

1973 et 1975

Tentatives sérieuses de gravir le Lhotse par l'impressionnante face sud.

1980

Disparition du Français Nicolas Jaeger sur les pentes du Lhotse Shar lors de sa tentative de gravir la face sud du Lhotse avec l'ambition d'enchaîner sur la traversée de l'Everest.

1986

Reinhold Messner boucle son grand chelem himalayen le 16 octobre en atteignant le sommet en compagnie de son compatriote tyrolien Hans Kammerlander.

1988

Le 31 décembre, le Polonais Krzysztof Wielicki, membre d'une expédition belgo-polonaise, parvient seul au sommet et réussit la première ascension hivernale.

1996

Première ascension féminine par la Française Chantal Mauduit.

2011

Les 14 et 15 mai, et en 21 heures seulement, le guide américain Michael Horst enchaîne l'Everest et le Lhotse.

au Sherpa Tenzing Norgay d'atteindre 8600 mètres, où ils sont finalement repoussés par une météo défavorable. Si près du but. La suite est entrée dans la grande Histoire. En 1953, la cordée Norgay-Hillary parvint au sommet de l'Everest, apportant un joyau supplémentaire à la couronne de la jeune reine Elizabeth d'Angleterre.

LA REVANCHE HELVÈTE

Printemps 1956. L'expédition suisse dirigée par Albert Eggler a un double objectif ambitieux : réussir la première ascension du Lhotse et la seconde ascension de l'Everest. L'*Icefall* du glacier du Khumbu est franchi sans difficulté. Un camp 6 est établi à 7925 mètres au pied du grand couloir qui raye la pyramide sommitale du Lhotse. La cordée Reiss-Luchsinger atteint la cime du Lhotse le 18 mai. Victoire en poche, les Suisses déplacent leur dernier camp d'altitude au col Sud voisin et permettent ainsi à la cordée Schmied-Marmet de monter à l'Everest le 23 mai. Rebelote le lendemain pour le binôme Reist-Rudolf Von Gunten. Les chroniques himalayennes sont peu loquaces sur les grimpeurs helvètes, mais elles soulignent que les Suisses ont ouvert la voie normale du Lhotse, doublant la réussite de « leur » 8000 avec les deuxième et troisième ascensions de l'Everest.

LA CASCADE DE GLACE DU KHUMBU

L'*Icefall Khumbu* est donc cette grande rupture de pente du front glaciaire, passage obligé pour gravir les voies classiques de l'Everest et du Lhotse. Entre 5900 mètres et 5400 mètres, le glacier népalais s'écoule dans le verrou de la vallée. La raideur de la pente et le resserrement des parois alentour provoquent une accélération de l'écoulement du glacier qui atteint à cet endroit l'impressionnante vitesse d'un mètre par jour. Tout est instable et chamboulé en permanence. D'incessantes chutes déchirent le silence, d'immenses crevasses ne cessent de changer de physionomie. C'est un terrain apocalyptique craint par les grimpeurs qui ne peuvent anticiper les dangers : les

À gauche : Le camp 2 Everest-Lhotse est installé dans la combe Ouest barrée par les pentes verglacées du Lhotse dont on devine la file des grimpeurs. Fin trait de neige dans la paroi sommitale, un couloir encaissé permet d'atteindre classiquement la cime du Lhotse.
À droite : Au pied du mur sommital, himalayiste anonyme et figé pour l'éternité. L'himalayisme n'est pas un jeu innocent.

La face ouest du Lhotse

Avion Katmandou-Lukla, puis une semaine d'approche.
Camp de base (5 350 m) commun avec celui de l'Everest sur le glacier du Khumbu.
Les camps d'altitude 1, 2 et 3 sont communs à ceux de l'Everest.
Un inconfortable camp 4 est généralement installé en pleine pente au-dessus de la Bande jaune vers 7 800 mètres. Reste à gravir une grande pente de neige puis bifurquer dans le long couloir qui mène au sommet.

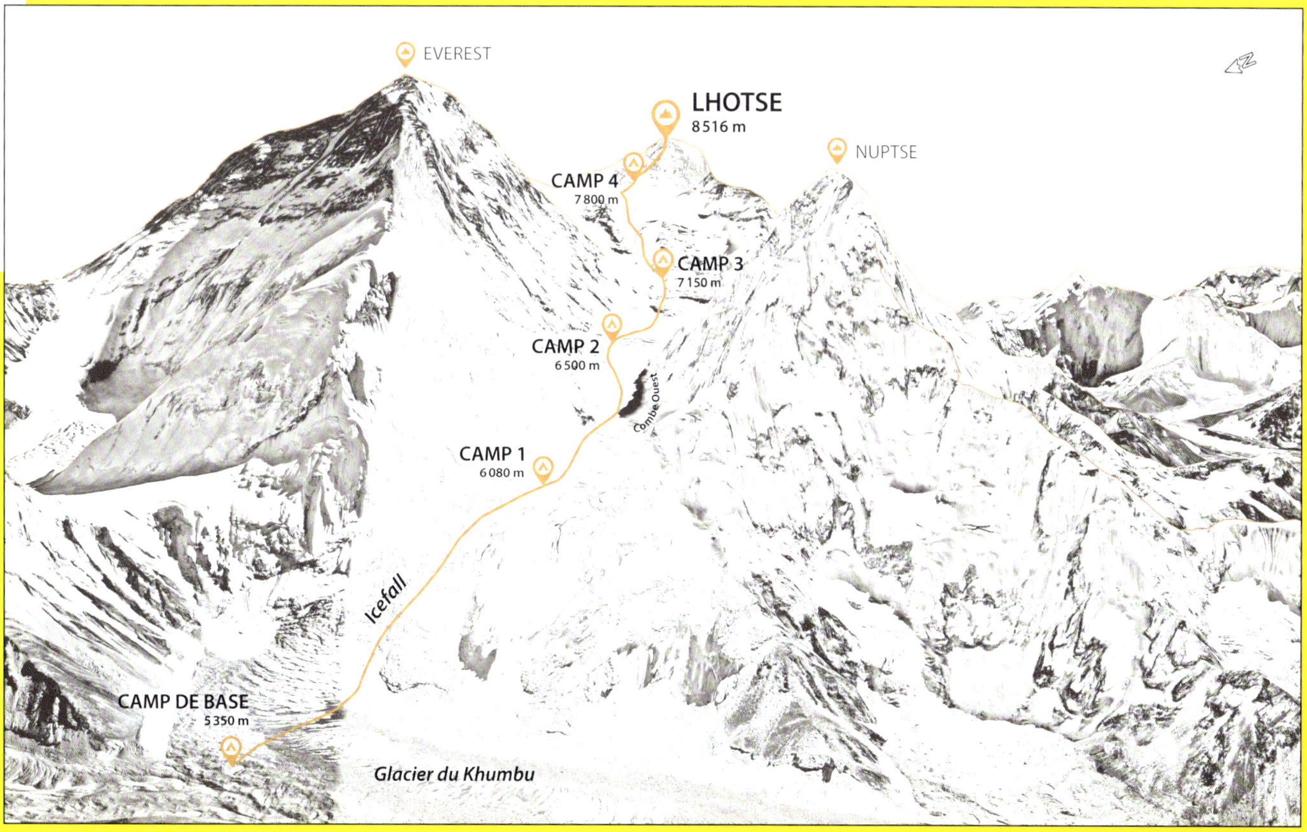

04 LHOTSE ICEFALL DOCTORS

séracs en équilibre atteignent 20 mètres de haut avant de s'effondrer en d'énormes blocs, des trous béants voient leurs rives se séparer de plusieurs mètres. Le franchissement du dédale de glace est définitivement la partie la plus dangereuse de l'ascension de l'Everest et du Lhotse.

Dans les années quatre-vingt, le gouvernement népalais délivre plusieurs autorisations d'ascension par saison. Traditionnellement, c'est la première expédition en place au camp de base qui s'attaque à la cascade de glace, ouvrant ainsi le chemin au bénéfice de tous. L'année 1988 marque une rupture du *gentleman agreement* provoquée par une expédition américaine qui, après avoir équipé le passage dans le glacier, réclame un péage aux autres expéditions. Manière de rentabiliser le temps, les risques et le matériel investis. Hurlements, récriminations, dénonciations. Voilà qui n'est pas du goût de ceux qui cultivent une vision romantique de l'himalayisme. Il faut dire que la note est plutôt salée : 10 000 $ (de l'époque) par expé !

TRAVAIL À HAUT RISQUE

Au gré des expéditions, la technique de franchissement de l'*Icefall* s'est rodée : trouver le meilleur cheminement, franchir les crevasses à l'aide d'échelles reliées entre elles, fixer des cordes pour faciliter le passage des murs de glace, solidifier et adapter l'équipement au gré des fluctuations du terrain. Ouvriers spécialisés de l'altitude, les sherpas ont remplacé les grimpeurs-explorateurs de l'âge d'or. Ils assument désormais la recherche du meilleur cheminement, sécurisent le parcours et transportent le matériel d'altitude en d'incessants allers-retours. Sous l'égide de trois sherpas familiers de l'Everest, un petit groupe s'organise au tournant des années quatre-vingt-dix. La *Khumbu Icefall fixing team* prend en charge ce travail devenu saisonnier avec l'amplification de la commercialisation de la haute altitude.

À droite : Pour atteindre les camps 4 de l'Everest ou du Lhotse, il faut gravir la grande pente de glace de la face est du Lhotse, puis franchir la Bande jaune. Les rares créneaux météo favorables à la montée en très haute altitude provoquent parfois la formation d'une longue file de grimpeurs : les prétendants aux deux sommets concentrent leur assaut sur les quelques journées de beau temps annoncées par les prévisionnistes.

Ci-dessus : Sophie Lavaud au sommet du Lhotse le 14 mai 2022.

Pendant plus de dix ans, la médecin américaine Luanne Freer a monté et animé une antenne médicale de première urgence sur le camp de base Everest-Lhotse. Elle témoigne de sa relation avec ces hommes qui « se mettent aux petits soins de l'*Icefall* ». « Nous avions une petite blague : chaque fois que nous nous voyions, nous nous approchions, nous nous serrions la main et disions *Bonjour, docteur* ! les uns aux autres. » La confrérie des *Icefall Doctors* est née dans des sourires de façade. La bonne humeur affichée n'empêche pas la peur chez ceux qui montent et descendent quotidiennement ce terrain à haut risque. Contrairement aux prétendants au sommet qui, eux, passeront au maximum deux fois (en aller-retour) – une première pour s'acclimater et reconnaître le terrain, une seconde lors de la tentative du sommet. D'ailleurs, le courage de ces hommes de l'ombre ne suffit pas toujours à les faire tenir saison après saison. L'alcool étant souvent le seul réconfort disponible, il fait des ravages sur ces organismes qui s'usent prématurément à cette tâche âpre et physique.

À chaque expédition, il faut dorénavant payer le service pour emprunter la voie préparée. D'ouvriers spécialisés, les *Icefall Doctors* vont bientôt constituer une sorte d'aristocratie dans le métier de sherpa, cherchant à se faire entendre pour contrôler un monopole de fait et obtenir une rémunération à la hauteur de la pénibilité et du risque du travail. En 1997, le *Sagarmatha Pollution Control Committee* (SPCC), instance missionnée pour la protection de l'environnement dans le parc national de l'Everest, prend en charge la sélection et le recrutement des *Icefall Doctors*. Une récupération étatique qui fait grincer des dents au pays Sherpa dont l'identité affirmée pousse à maintenir une certaine indépendance face aux méandres des administrations népalaises. Le drame du 18 avril 2014, avec la mort de 16 sherpas en plein milieu de la cascade de glace, cristallise les rancœurs peu à peu accumulées. La grève menée au camp de base Everest-Lhotse en ce printemps de tristesse permet d'exprimer des revendications salariales, de conditions de travail et de protection sociale. Difficile d'ailleurs de connaître les revenus des huit à dix *Icefall Doctors*... S'ils avouent toucher autour de 3 000 $ chacun par saison, il se dit que la réalité varie plutôt autour de 8 000 $ selon l'expérience. Le prix du danger. Le salaire de la peur au service de la marchandisation des plus hauts sommets de la planète.

LE CARNET DE SOPHIE

04

La mort et le luxe

Au pied du mur sommital du Lhotse, un cadavre gît. Assis, légèrement penché, comme affalé. Sa tête semble renversée pour voir les étoiles. Sa combinaison en duvet est usée, déchirée, et les couleurs sont délavées. On pourrait sans doute dater le drame au modèle des chaussures. Qui est-il ? Qui est-elle ?
La ligne de cordes qui mène au sommet est à quelques mètres du corps. Sangay dégaine son appareil photo, prend deux clichés et emporte la vision dans son boîtier. J'en suis incapable.
Le temps s'est dégradé et le vent s'est levé. Il faut aller toucher le sommet et vite redescendre. Mais pour lui, que s'est-il passé ? Entre fatigue extrême et torpeur hypoxique, mon cerveau se questionne. Une pensée en boucle. Une interrogation lancinante. Est-il tombé du mur ? A-t-il succombé à une pause létale, celle où l'on s'assoit pour se reposer un instant qui devient éternité ? Œdème pulmonaire ? Œdème cérébral ?
Je me concentre. La roche est de mauvaise qualité. Maintenant, je surplombe le corps et je m'aperçois qu'il a une de ces grosses ardoises comme posée sur son ventre. A-t-il été victime d'une chute de pierres ?
Sommet. Ce 14 mai 2022, le vent hurle. Le cliché rêvé sur fond d'Everest est à oublier. Nous sommes dans le nuage, et le blizzard nous agresse. Impossible de sortir le GPS pour marquer le point de la cime atteinte.
La vidéo ne sera pas terrible. Deux photos volées – un clic sur Sangay, un clic sur moi – et il faut plonger au plus vite dans la descente.
« Il » est toujours là. Ses dents sont visibles, formant presque un léger sourire. Il fait partie du décor. Étrange balise, de celles que l'on croise régulièrement sur les itinéraires des sommets de plus de 8000 mètres.
Si haut, personne n'a la capacité de redescendre un alpiniste en perdition. Dans le monde d'en bas, cela semble impensable. Sur les géants de la Terre, nous acceptons pourtant tous la règle implicite de la très haute altitude : en cas de problème, zéro chance de survie, aucune assistance possible.

Le vent chargé de microglaçons s'est infiltré dans mes lunettes. Un voile blanc recouvre mes rétines.
Je vois flou, cela m'inquiète. De retour au camp 4, je me frotte les yeux. Mais rien n'y fait, le trouble persiste. Nous sommes encore à 7900 mètres, trop haut pour imaginer du repos. Et puis, les tentes montées en pleine pente sont particulièrement inconfortables. Alors, direction camp 3, sortir du nuage. Camp 2, thé chaud, soupe et dhal baat. Nous sommes sur la partie commune avec la voie classique d'ascension de l'Everest. Retour à la vie.
À l'approche du camp de base, le glacier se transforme en une mer de points jaunes. Tous ces petits cubes de toile floqués de logos d'agences sont les nouveaux types de tentes individuelles pour les clients. Ces gros dômes qui émergent de la glace comme des pustules sont dorénavant la norme des tentes-repas. Et puis, récemment, sont apparues des tentes *coffee shops*, des tentes *backeries*. Où se situe la limite ? Où mettre le curseur ? Logique de l'offre et de la demande portée par des agences organisatrices toujours empressées de répondre. La rudesse de la montagne est édulcorée au cappuccino !
Et *lui*, là-haut, au pied du mur sommital du Lhotse ? Sa photo nous servira d'étrange preuve de notre sommet, son image restera gravée dans ma mémoire. Elle rappelle que par-delà les signes de luxe du camp de base, la mort rôde et que certains ne goûteront pas au *summit cake* dans une jolie tente-dôme décorée de guirlandes de fleurs en plastique.
Dix-sept personnes sont mortes au printemps 2023 au Népal sur les pentes des 8000. Autoroute, tourisme d'altitude, ces termes trop souvent entendus ne collent pas à la réalité du terrain.
Sommet atteint le 14 mai 2022.

MAKALU
QUESTION DE STYLE

Sur la partie supérieure du glacier de Chogo. Au fond, le Baruntse (7129 m) dont le sommet se perd dans les nuages.

05

MAKALU
LE GRAND NOIR

Altitude : 8 485 mètres
Pays : Népal/Chine
Première ascension : 15 mai 1955 par Jean Couzy et Lionel Terray. Les 16 et 17 mai se succèdent les sept autres grimpeurs de l'équipe française menée par Jean Franco.

8000

« Les idées sur ce qui est loyal en alpinisme sont quelque peu curieuses. »

CLINTON DENT, 1880

DIFFICILE DE S'Y RETROUVER DANS L'ÉVALUATION DES PERFORMANCES EN HIMALAYISME. UNE FOIS ADMIS QUE LE SOMMET EST LE SOMMET, LA MANIÈRE D'Y PARVENIR HIÉRARCHISE LES RÉUSSITES. POUR LES OBSERVATEURS AVERTIS, LES MOYENS MIS EN PLACE SONT D'IMPORTANCE, VOIRE CRUCIAUX, LORSQU'ON VEUT QUALIFIER LES ESCALADES, DÉMÊLER CE QUI RELÈVERAIT D'UN « TOURISME D'ALTITUDE » DE LA PERFORMANCE D'AVANT-GARDE. HORS DES STADES, SANS RÈGLES ÉDICTÉES PAR DES INSTANCES RÉGULATRICES ET SANS ARBITRES, C'EST « L'ESPRIT » DE L'ASCENSION QUI VA LUI DONNER VALEUR ET RECONNAISSANCE.

À droite : Le Makalu, montagne « française ».
Sur la gauche, la partie suspendue du glacier de Chogo et le Makalu La empruntés par la voie française historique de 1955. Sur la droite, le fameux pilier Ouest réussi en 1971 par une autre expédition française menée par Robert Paragot.

05

05 MAKALU QUESTION DE STYLE

La nature des débats passionnés qui agitent le milieu des grimpeurs sur le style des ascensions peut paraître obscure. Le critère de la réussite ou non du sommet pourrait sembler le seul recevable. Pourtant, depuis la naissance de l'alpinisme, la *manière de faire* est au moins aussi importante que le résultat. Le travail de la sociohistorienne Delphine Moraldo rappelle que nos critères d'excellence sont hérités de l'Angleterre victorienne et plus précisément du sport qui s'y modèle. « L'éthique en alpinisme vient de là où s'invente le *fair-play*. Ce sont autant les compétences techniques que les valeurs et les principes qui comptent. Pour les *gentlemen*, mieux vaut perdre dignement que s'abaisser à tricher pour gagner. Ces mêmes *gentlemen* devenus alpinistes vont rejeter l'usage de certaines aides artificielles par *fair-play*. Ce n'est pas arriver au sommet qui compte, mais y parvenir sans tricher en laissant une vraie chance sportive à la montagne, une vraie incertitude sur l'issue du *combat* contre celle-ci. »
Au cours des évolutions de l'alpinisme, des outils prohibés hier (la corde, le piton, les crampons) peuvent aujourd'hui être acceptés comme la norme, alors que d'autres aides, comme l'usage de l'oxygène supplémenté, restent des lignes de fracture. Petite visite des cinq styles d'ascension en Himalaya.

LE *BY FAIR MEANS* OU LE STYLE ALPIN

C'est ce qui est rêvé par la majorité et appliqué par une minorité. L'exigence est à son paroxysme et est détachée des préoccupations sécuritaires de nos sociétés qui travaillent obsessionnellement à tendre vers le risque zéro. L'engagement – mettre sa vie en gage – est l'alpha et l'oméga du discours des grimpeurs qui s'inscrivent dans la performance, et porte la valeur symbolique ultime. Ce style d'ascension est souvent dénommé style alpin (c'est-à-dire grimper en Himalaya comme dans les Alpes). Ce vocable usuel ne traduit toutefois pas toutes les subtilités de l'esprit du *by fair means* britannique auquel il se réfère. La traduction littérale « *par des moyens loyaux* » image plus clairement le caractère d'élégance que l'expression originelle cherche à définir. En Himalaya, la philosophie du *by fair means* s'attache à trois critères :
- pas d'utilisation d'oxygène supplémenté ;
- pas d'aide au portage ni d'assistance (donc pas d'accompagnement de sherpa ou de porteur de haute altitude) ;
- pas de cordes fixes.

S'y ajoute aujourd'hui un quatrième critère relatif à l'approche de la montagne qui doit s'effectuer sans recours à l'hélicoptère. Selon les codes du haut niveau, les ascensions *by fair means* sont les seules remarquables au regard de l'histoire de l'himalayisme.

SANS OXYGÈNE NI AIDE AU PORTAGE

Une ascension réalisée sur une voie fréquentée par d'autres expéditions (en particulier des expéditions guidées) bénéficie d'une trace entretenue par les allers-retours, de cordes fixées dans les passages les plus acrobatiques et de tentes présentes sur les camps d'altitude. Il est tout à fait honorable de réussir des ascensions sans oxygène ni aide au portage dans de tels contextes, mais l'honnêteté impose de le préciser clairement et de ne pas faire imaginer qu'il s'agit là du style alpin précité.

SANS « OX », MAIS AVEC ACCOMPAGNEMENT

Le grand écart dialectique, la zone grise où toutes les confusions – plus ou moins volontaires – sont possibles. Toute revendication d'ascension sans oxygène doit préciser son contexte. En effet, un grimpeur peut décider de se passer de l'usage de l'oxygène supplémenté tout en s'offrant la compagnie d'un sherpa qui aide au portage et à la sécurité. Il est même courant que le sherpa ange gardien grimpe lui-même sous oxygène à partir d'une certaine altitude pour garder toute sa lucidité. Il porte également une deuxième bouteille, un masque et un régulateur pour son binôme, « au cas où ».
Les annonces sportives deviennent alors rapidement paradoxales pour qui tente la synthèse d'une performance engagée et la sécurité. Vous avez dit oxymore ?

EXPÉDITION CLASSIQUE

C'est le fonctionnement courant des expéditions guidées (c'est-à-dire avec une majorité de membres de même nationalité généralement coalisés autour de leur guide habituel) et des expéditions dites internationales (avec une mutualisation des permis accordés à une agence, mais dont les *members* sont indépendants sur la montagne) :
- une équipe de sherpas ouvre la voie, sécurise les passages les plus exposés à l'aide de cordes fixées aux parois et entretient l'itinéraire au gré des évolutions météo ;
- des sherpas transportent et installent les camps d'altitude, mais chaque client s'efforce de porter son matériel personnel ;
- chaque *member* est accompagné de son binôme sherpa le jour du *summit push* ;

Uchronie

Cinq des quatorze 8000 ont été conquis sans oxygène, dont le fameux « Annapurna, premier 8000 ». Imaginons que la norme pour gravir un 8000 ait été l'exclusion de l'oxygène supplémenté, que la règle acceptée par tous dès le départ soit de considérer l'oxygène comme un produit dopant interdit. Conséquence ? Finies les images de l'Everest surfréquenté : seulement 0,02 % des *summiters* se sont passés d'oxygène depuis la première ascension de 1953. Et seuls trois alpinistes peuvent revendiquer l'ascension du plus haut sommet de la terre *by fair means* au sens strict : Reinhold Messner en 1980, Erhard Loretan et Jean Troillet en 1986.

Ci-dessus : Premier portage en direction du camp 1 quelques heures avant le tremblement de terre dévastateur du 25 avril 2015.

• l'utilisation de l'oxygène supplémenté est réservée au jour du *summit push*, généralement au-dessus de 7 500 mètres (ou la nuit du sommet depuis le dernier camp d'altitude), avec une moyenne de deux à quatre bouteilles d'oxygène par binôme client-sherpa.

EXPÉDITION VVIP

Very Very Important People. Important People est-il ici synonyme de *Important Portefeuille* ? Peut-être devrait-on réserver le vocable d'expédition commerciale à ce type d'organisation permis par un marché sans régulation et destiné « à ceux qui désirent conquérir la plus haute montagne du monde en alliant aventure et luxe », comme le propose une célèbre agence népalaise. Le principe de base des opérateurs est simple : toute demande peut être satisfaite, toute exigence doit être comblée. Budget illimité. L'ascension est un produit sans connexion avec les usages et les codes jusque-là établis par les nations de culture « alpine » (Europe). Expéditions minoritaires sur le terrain, mais qui font couler beaucoup d'encre et de salive. Elles comprennent :
• un camp de base ultra-confortable ;
• une approche et un retour en hélicoptère ;
• des possibilités de *break* dans un hôtel de basse altitude, avec des allers-retours en hélicoptère ;
• un service de plusieurs sherpas pour l'assistance sur la montagne ;
• l'oxygène à volonté (y compris la nuit) dès les premiers camps d'altitude.

Le Makalu en 10 dates

1921

Les Britanniques de la *Royal Geographical Society* explorent les abords du versant tibétain lors d'une mission de reconnaissance à l'Everest.

1955

Seconde expédition française après leur repérage de l'année précédente. Lionel Terray et Jean Couzy sont au sommet le 15 mai ; Jean Franco, Guido Magnone et Gyalzen Norbu Sherpa le 16 ; Jean Bouvier, Serge Coupé, Pierre Leroux et André Vialatte le 17.

1971

Réussite de l'impressionnant pilier ouest du Makalu par l'expédition française menée par Robert Paragot.

1975

Au sein d'une expédition yougoslave qui signe la première ascension de la face sud, le Slovène Marjan Manfreda atteint le sommet sans l'aide d'oxygène.

1981

Le 15 octobre 1981, le Polonais Jerzy Kukuczka réussit la première ascension en solitaire et sans oxygène et par une voie nouvelle (arête nord-ouest).

1988

Le Français Marc Batard gravit le pilier ouest en solitaire dans la journée du 27 avril. Descente par la voie normale.

1989

Le 6 octobre, le Français Pierre Beghin ouvre une voie directe en face sud et redescend le lendemain par la voie normale après un bivouac à 8 050 mètres.

1990

Le 18 mai, l'Américaine Kitty Calhoun-Grissom est la première femme à atteindre le sommet qu'elle a gravi par le pilier ouest en compagnie de John Schutt.

2005

Le Français Jean-Christophe Lafaille disparaît le 27 janvier lors de sa tentative hivernale en solitaire.

2009

L'Italien Simone Moro et le Kazakh Denis Urubko réalisent en style alpin la première hivernale le 9 février.

05 MAKALU QUESTION DE STYLE

Ci-dessous : *Briefing* et recherche d'informations suite au tremblement de terre. Que s'est-il passé exactement, quelles décisions prendre ?

Makalu

ARÊTE NORD-OUEST

Vol de Katmandou à Tumlingtar, puis Jeep jusqu'à Num. Trek d'une semaine (Seduwa, Tashigon, Khongma, Dobate, Yangle Kharka, Langmale Kharka) pour atteindre le camp de base Hillary (4 820 m). Encore une longue journée d'effort permet d'atteindre le camp de base (5 680 m). Camp 1 (6 420 m), camp 2 (6 620 m), camp 3 près du Makalu La (7 480 m), puis le camp 4 (7 600 m) après la traversée d'un vaste plateau. *Summit push* via le fameux couloir des Français, l'épaule puis l'arête sommitale.

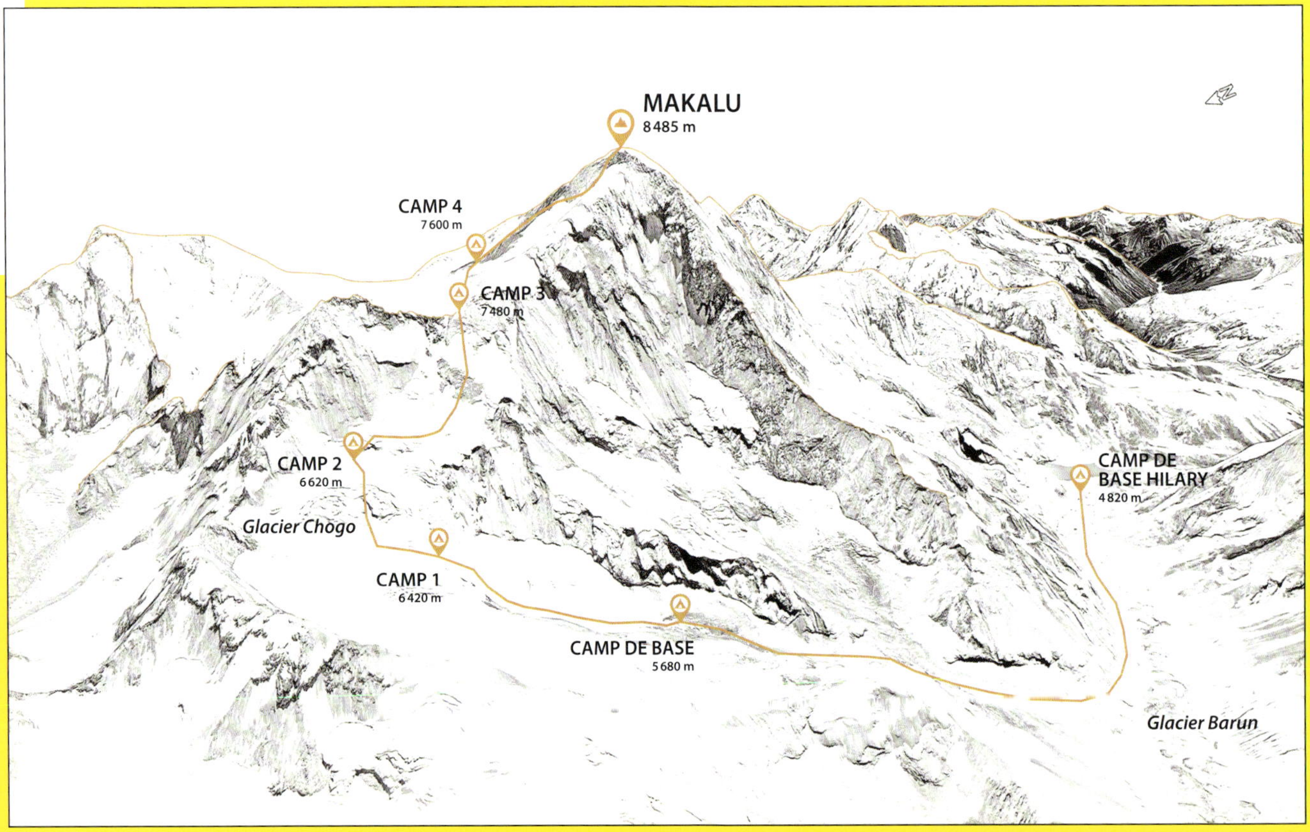

LE CARNET DE SOPHIE

La montagne tangue

À mon retour victorieux de l'Everest au printemps 2014, c'était clair dans ma tête : je voulais continuer. J'étais tombée amoureuse de l'Himalaya, hors de question de le quitter. Mais entre dire et faire, il y a un gouffre à combler : le financement des expéditions.
Le rêve un peu dingue de tenter les quatorze sommets de plus de 8 000 mètres prenait doucement. Une sorte d'évidence et un nouveau chemin de vie. Mais aussi une idée bien difficile à exprimer tant la marche semblait inatteignable. J'ai gardé ce projet longtemps en moi, il fallait toutefois le présenter dans sa globalité pour trouver des partenaires. J'active « le Réseau ». Dans ma vie professionnelle, j'avais vendu des chambres d'hôtel, des banquets, des parfums, des produits financiers, des coachings... Il fallait maintenant que j'apprenne à me vendre moi-même. Que c'était difficile ! Philippe, Oury, Laurent et Chantal furent les premiers à croire en l'histoire et me permettre de partir sur les pentes du Makalu.
Nima Sherpa, qui m'avait accompagné au Tibet sur mes deux premiers sommets ainsi qu'à l'Everest, est à mes côtés. Le camp de base du Makalu est perché haut à 5 600 mètres d'altitude. Le 25 avril, les sacs sont bouclés pour notre première rotation vers le camp 1. Le ciel est couvert. Malgré le brouillard, nous traversons le glacier puis une langue de moraine, avant de remonter une longue pente de neige. Visibilité nulle. À 11 h 56, le sol se met à bouger. Je tangue comme sur un bateau. Je perds l'équilibre et suis obligée de me caler avec mes bâtons pour ne pas tomber. De gros blocs de glace dévalent. C'est la panique. Les sherpas abandonnent leurs charges et, affolés, courent dans la pente. Je suis pétrifiée. Dois-je me protéger derrière ce gros rocher tout proche ? Le temps d'envisager cette option et un bloc de glace déboule dans sa direction. J'imagine qu'il s'agit d'une énorme avalanche qui va nous engloutir. À quoi bon bouger ? Je reste figée.
Le sol arrête enfin de tanguer. Tout semble s'apaiser. « *All OK? Yes OK!* » Les radios crachotent en boucle. « *Go down, earthquake! Go down, earthquake!* » : tremblement de terre, descendez !
Le temps de se regrouper et de s'assurer que tout le monde va bien, nous entamons la descente. Nous retrouvons un camp de base en pleine agitation. Les infos se contredisent. Les réseaux de téléphone sont coupés, les vraies informations peinent à arriver jusqu'à nous. Il se dit que le camp de base de l'Everest a été ravagé. Il se dit que la secousse a causé la mort de 200, puis 500, 2 000, 5 000 Népalais.
Les jours passent et le bilan s'alourdit. Les sherpas sont inquiets pour leurs familles.
Puis les premières répliques se font sentir. Notre guide rassure Nima et l'équipe népalaise en rappelant que les salaires seront payés même si notre expédition est interrompue. Impensable pour moi de poursuivre l'ascension. L'Inde annonce bientôt que des hélicoptères seront mises à disposition pour évacuer les camps de base. Mais nous sommes tous en bonne santé, à quoi bon attendre ? Nous décidons de partir à pied, laissant derrière nous matériel et équipement.
À Katmandou, la vie reprend son cours. Les parcs de la ville servent de terrains d'accueil. La plupart des habitants dorment dehors, ils n'ont pas confiance en leurs habitations. Les répliques sont incessantes et terrifiantes.
Le 12 mai, un deuxième tremblement de terre de magnitude 7 (celui du 25 avril était de magnitude 7,8) secoue à nouveau le pays. Mes amis népalais me supplient de partir : « *Go home! Too dangerous here!* »[1]
Je quitte le Népal avec un sentiment de malaise, une forme d'abandon. Pendant plusieurs semaines, chaque coup de vent, chaque porte qui claque me fait tressaillir. Et dans ma tête tournent les oiseaux de Katmandou qui croassaient comme des fous, juste avant la secousse du 12 mai. Avaient-ils pressenti le danger imminent ? Le Makalu 2015 était ma première étape vers le grand chelem. Plutôt ratée et franchement traumatisante... Mais je réussirai le sommet dès le printemps suivant.
Sommet atteint le 23 mai 2016.

[1] « Rentre chez toi ! C'est trop dangereux ici ! »

CHO OYU
L'HIMALAYISME AU FÉMININ

Quatre filles et un paquet de 8000 : la Népalaise Phunjo Lama, la Française Carole Fuchs, l'Australienne Samantha McMahon, la Franco-Helvético-Canadienne Sophie Lavaud et la Népalaise Purnima Shrestha. Le 23 mai 2024, Phunjo bat le record féminin de vitesse d'ascension de l'Everest en 14 h 31 min ; la même saison Purnima gravit trois fois l'Everest en 13 jours.

CHO OYU
DÉESSE DE TURQUOISE

Altitude : 8 201 mètres
Pays : Népal/Chine
Première ascension : 19 octobre 1954 par Joseph « Sepp » Jöchler (AT), Herbert Tichy (AT) et Pasang Dawa Lama (NPL). Expédition autrichienne menée par Herbert Tichy.

8000

« J'ai toujours dit que le Cho Oyu était à vaches. Le jour où un groupe de femmes y sera monté, cela prouvera que j'avais raison. »

LUCIEN DEVIES, 1959

COMME TOUTE PRATIQUE SPORTIVE, L'ALPINISME EST HISTORIQUEMENT UNE ACTIVITÉ MASCULINE. PAS DE PLACE POUR LES FEMMES DANS CE MONDE OÙ, ÉLEVÉES POUR SERVIR UN MARI ET S'OCCUPER DES ENFANTS, BIEN PEU D'ENTRE ELLES ENVISAGENT LA POSSIBILITÉ DE SUIVRE LES HOMMES DANS LA DÉCOUVERTE DE L'ART DE GRAVIR LES MONTAGNES.

À droite : Passage clé du *summit push* : la falaise de la Bande jaune requiert un effort intense pour accéder au plateau sommital du Cho Oyu.

06 CHO OYU L'HIMALAYISME AU FÉMININ

L'alpinisme est créé par les *gentlemen* de l'Angleterre victorienne au moment où le sport moderne s'invente, et ce, évidemment, en dehors de toute mixité. Ces hommes issus des élites sociales britanniques y ont insufflé leurs codes et leur esprit de l'excellence. Plus tard, l'alpinisme prend une connotation plus conquérante et héroïque au moment de la conquête de nouveaux massifs. La période 1950-1960 en particulier, âge d'or de l'himalayisme, attise une compétition entre nations pour les premières ascensions sur les quatorze sommets de plus de 8 000 mètres de la planète. Cette période particulière est propice à la diffusion d'un modèle de masculinité hégémonique « héroïque ». Peu de place donc pour les femmes dans l'imaginaire de l'exploration. Peu de disponibilité non plus pour elles de se créer un espace d'utopie. Depuis, l'étude de l'évolution de l'alpinisme féminin a nécessairement mis en lumière le parallèle entre la pratique et l'histoire de l'émancipation des femmes.

Les chroniques retiennent les expéditions de Fanny Bullock Workman entreprises « avec son époux », en Asie centrale. La mention du mari n'est évidemment pas anodine. Toutefois, on reconnaît à la géographe américaine l'ascension du Pinnacle Peak (5 693 m) en 1906 et le titre de « plus haute femme du monde » après une montée à 7 130 mètres dans le massif indien du Nun-Kun. Ce record qui ne fut battu que trente ans plus tard par l'Autrichienne Cenzi von Ficker lors de sa tentative d'ascension de l'Ushba, impressionnant sommet du Caucase. Apparaissent encore quelques lignes sur la Suissesse Hettie Dyhrenfurth accompagnant son mari (encore et toujours ainsi spécifié) dans une expédition au Kangchenjunga en 1930 ou dans des voyages de reconnaissance au cœur des montagnes du Karakoram. L'histoire veut retenir que si elle s'offrit un nouveau record d'altitude au Sia Kangri, sommet de 7 422 mètres dont le couple réussit la première ascension en 1934, Hettie Dyhenfurth « ne se considérait pas comme une alpiniste [...] et préférait de loin jouer au tennis ».

UN VOYAGE SANS RETOUR

C'est la Niçoise Claude Kogan qui donne ses premières marques symboliques à l'himalayisme féminin. Forte grimpeuse et alpiniste très active, elle a participé à plusieurs explorations dans les Andes et est déjà montée jusqu'à 7 600 mètres sur les flancs du Cho Oyu lorsqu'elle organise en 1959 la première expédition himalayenne exclusivement féminine. Douze des quatorze 8000 ont alors déjà été gravis, et l'époque ne conjugue

l'alpinisme qu'au masculin. Pourtant, bien des femmes partagent la corde dans des ascensions difficiles. L'équipe de Kogan, composée de 12 femmes expérimentées venues de cinq pays, jette son dévolu sur le sixième plus haut sommet de la Terre. L'entreprise ne s'organise pas vraiment avec la bénédiction des hautes autorités alpinistiques de l'époque. À propos du sommet choisi, Lucien Devies, l'éminent et incontournable représentant du comité de l'Himalaya et de la Fédération française de la montagne, lâche cette fameuse sentence qui fera florès : « J'ai toujours dit que le Cho Oyu était à vaches. Le jour où un groupe de femmes y sera monté, cela prouvera que j'avais raison. »
Après 24 jours de marche pour traverser rizières, forêts et alpages, l'expédition atteint le camp de base. La navette entre les camps supérieurs commence malgré la mousson. Le 1er octobre, Claude Kogan, Claudine van der Stratten-Ponthoz et deux sherpas partent du camp 3 en direction du camp 4, malgré le temps qui se détériore. On ne les reverra plus. La citation apocryphe attribuée à Reinhold Messner rappelle que « la montagne n'est ni juste ni injuste, elle est dangereuse ».
La première expédition entièrement féminine se termine tragiquement. Témoignage d'une émancipation brisée par le destin, il faut regarder – et écouter – le film *Voyage sans retour* ramené à l'époque par la jeune cinéaste du groupe. La Française Micheline Rambaud est d'une justesse et d'une grande modernité. Loin de l'héroïsme surjoué qui dégouline des films de l'époque, il s'en dégage un témoignage d'une intelligence dénuée de toute candeur et d'exotisme néocolonial. Le regard de ces femmes alpinistes sur l'Himalaya était déjà très en avance sur celui des hommes. Pourtant, à l'occasion de la sortie récente du livre éponyme de la cinéaste reprenant ses carnets d'expédition, le chroniqueur d'un grand quotidien national s'enquiert ainsi auprès de l'alpiniste, aujourd'hui âgée de 92 ans : « Est-ce que les femmes se chamaillaient au camp de base ? »
La même année 1959, et dans la symbolique « des femmes les plus hautes », il faut souligner l'ascension du Mustagh Ata (sommet chinois culminant à 7 509 mètres) par la jeune Tibétaine Phantog âgée seulement de 20 ans.

UNE DÉPÊCHE FAIT LE TOUR DU MONDE

« 4 mai 1974 : trois Japonaises au sommet du Manaslu. » Des femmes se tiennent enfin sur le faîte d'un 8000. Des femmes issues d'une équipe exclusivement féminine. Sur le chemin du retour, l'expédition croise le déjà légendaire Reinhold Messner. À son étrange question de savoir qui est leur modèle en alpinisme, Naoko Nakaseko répond spontanément : Claude Kogan. Puissance et nécessité des modèles identificatoires ?

À gauche : Le Cho Oyu depuis le plateau tibétain.

L'himalayisme féminin en 10 dates

1954
La Française Claude Kogan atteint 7 600 mètres d'altitude sur les flancs du Cho Oyu. Elle y disparaîtra cinq années plus tard dans le cadre de la première expédition internationale himalayenne féminine.

1974
Première ascension féminine d'un 8000 par une expédition japonaise au Manaslu.

1975
La Japonaise Junko Tabei est la première femme à gravir l'Everest.

1986
La Polonaise Wanda Rutkiewicz est la première femme à fouler la cime du K2. Cette même année, l'himalayiste française Liliane Barrard disparaît avec son mari Maurice en redescendant du sommet. Ils avaient précédemment gravi le Gasherbrum II en 1982 et le Nanga Parbat en 1984, inaugurant la notion de « couple le plus haut du monde ».

1990
Christine Janin gravit l'Everest en première Française. Elle avait précédemment gravi sans oxygène le Gasherbrum II en 1981 et le Gasherbrum I en 1986.

1992
Chantal Mauduit se lance dans le grand chelem sans aide d'oxygène supplémenté. Elle réussit six 8000 avant de décéder avec son sherpa Ang Tshering sur les pentes du Dhaulagiri en 1998.

1988
La Néo-Zélandaise Lydia Bradey est la première femme à gravir l'Everest sans oxygène. Cette ascension fut un moment contestée par certains hommes...

2010
Au Shisha Pangma, l'Espagnole Edurne Pasaban boucle son quatorzième sommet de plus de 8 000 mètres. Sandrine de Choudens, biochimiste, est au sommet du Makalu, son quatrième 8000 sans oxygène.

2011
L'Autrichienne Gerlinde Kaltenbrunner devient la première femme à gravir les quatorze géants sans oxygène. Huit années plus tard, la liste Jurgalski lui retirera le Dhaulagiri et le Manaslu (comme à Edurne Pasaban) dont elle n'a pas atteint l'exacte cime.

2024
La Norvégienne Kristin Harila gravit les quatorze 8000 en seulement 92 jours (trois mois et un jour), reprenant ainsi le record de vitesse au fameux Nims Daï. Performance athlétique stratosphérique ou démonstration sans faille de l'efficience organisationnelle atteinte par les opérateurs népalais ?

Au début des années soixante-dix, le plus important quotidien japonais associé à une chaîne de télévision organisent une expédition exclusivement féminine à l'Everest. Quinze femmes sont sélectionnées parmi une centaine de candidates. Début 1975, l'équipe complétée de neuf sherpas est à pied d'œuvre sur la voie népalaise. Malgré une avalanche qui aurait pu tourner là aussi au drame, Junko Tabei atteint le sommet du Toit du monde le 16 mai. Seulement 11 jours plus tard, c'est depuis le côté nord que Phantog (du Mustagh Ata) atteint à son tour le sommet de l'Everest. La Tibétaine endosse son statut d'icône politico-féministe : « Les femmes chinoises ont une forte volonté ; les difficultés ne peuvent pas nous arrêter. Nous avons gravi le plus haut sommet du monde ; nous soutenons réellement la moitié du ciel. »
En 1982, Wanda Rutkiewicz monte elle aussi une expé 100 % féminine, mais cette fois sur le difficile K2. Cherche-t-elle à s'affranchir de toute tutelle masculine pour pouvoir revendiquer ses performances sans subir d'ombre machiste ? L'alpiniste polonaise, qui se remet difficilement d'une blessure, effectue les 150 kilomètres d'approche du Baltoro en béquilles. Aux premières incursions sur la montagne, sa meilleure amie décède d'un malaise. Le mauvais temps rajoute sa chape de plomb. Rien ne fonctionne. L'expédition féminine internationale au K2 signera la fin de ce type d'organisation. C'est individuellement que les femmes tireront dorénavant leur épingle du jeu des 8000.

LES GARÇONS SONT LA NORME...

Peu évident pour une femme himalayiste d'échapper au *syndrome de la Schtroumpfette*. Sur les camps de base, la surreprésentation des protagonistes masculins permet difficilement aux femmes d'affirmer leur existence propre. Les garçons sont la norme, les filles la variation ; les garçons sont centraux quand les filles sont à la périphérie ; les garçons sont des individus alors que les filles sont des stéréotypes. Les garçons définissent le groupe, son histoire et ses valeurs.
La reconnaissance des femmes ne peut alors venir qu'avec une survalorisation de leur performance. Cho Oyu, montagne d'émancipation ? Après une première ascension féminine réussie par les Polonaises Vera Komarkova et Margita Sterbova en 1984 avec deux sherpas, c'est la Française Véronique Périllat qui encre les tabloïds – autre forme de marquage – en descendant du sommet en monoski (12 septembre 1988), puis la Suissesse Marianne Chapuisat qui impressionne le monde des performeurs en réussissant le sommet sans oxygène et en plein hiver, le 10 février 1993.
Un quart de siècle après leurs homologues masculins, les femmes s'engagent à leur tour dans la course aux quatorze 8000. Du coup, peu de différence de fonctionnement de genres. S'y trouvent les mêmes ingrédients de rivalité, d'ambition et de drames. Parce que sans doute la même quête d'immortalité simplement humaine. En 2010, c'est la Basque Edurne Pasaban qui remporte le trophée avec une dernière

À gauche : L'itinéraire classique de la face nord-ouest du Cho Oyu. Par un effet de perspective trompeur, le sommet loin en arrière-plan paraît moins haut que la paroi de la Bande jaune.
À droite : Au Tibet, le transport du matériel jusqu'aux camps de base se fait à l'aide des yacks.

Cho Oyu

FACE NORD-OUEST, ITINÉRAIRE DE LA PREMIÈRE ASCENSION

De Katmandou, route jusqu'au Tibet via Zhangmu et Nyalam, puis encore quelques heures de route sur le plateau tibétain jusqu'à Tingri (4400 m). Piste jusqu'au *Cho Oyu Chinese Base camp* (4900 m). Approche en deux journées de marche jusqu'au camp de base (5700 m).
Du camp de base, longue moraine le long du glacier pour atteindre le camp 1 (6400 m). Il faut ensuite remonter la langue glaciaire, puis un plateau intermédiaire, avant de franchir les séracs pour atteindre le camp 2 (7200 m). Le camp 3 (7500 m) est installé en pleine pente. Au départ du *summit push*, il faut gravir les dernières pentes de glace et de rocher, franchir la falaise de la Bande jaune, continuer dans des rochers jusqu'à une épaule avant de remonter l'interminable plateau sommital. C'est lorsqu'on aperçoit l'Everest que l'on sait que le sommet est atteint (aujourd'hui, une station météo chinoise marque le point culminant).

Ci-dessus : À l'image d'une calotte polaire, le sommet du Cho Oyu est un immense plateau suspendu. Ce n'est que lorsque l'Everest et le Lhotse sont enfin visibles à l'horizon que l'on sait être au sommet à 8188 m d'altitude.

bataille sur le tapis vert pour se départager de la Coréenne Oh Eun-sun à qui est contesté le quatorzième sommet. Mais ce sont indéniablement l'Autrichienne Gerlinde Kaltenbrunner (2011) puis l'Italienne Nives Meroi (2017) qui gravent l'histoire de l'himalayisme en réussissant l'ascension des quatorze 8000 sans oxygène.

DRÔLE D'ENDROIT POUR DE BELLES RENCONTRES

Juin 2023. Au moment de décider de la stratégie d'ascension du Nanga Parbat, tous les prétendant(e)s prennent le soleil sur la prairie du camp de base. Ambiance *chill* au pied de l'impressionnante face glaciaire. Mais l'époque a changé.
Le rythme d'abord. Plus question de tenter un seul sommet de plus de 8000 mètres par année. Il est désormais la norme de courir après la collection des quatorze sans laisser le temps filer. Efficience des prestataires et motivation des guides-sherpas permettent d'envisager l'ascension de plusieurs sommets népalais au printemps avant de basculer, l'été, sur le Baltoro pakistanais. Entre les deux périodes, un court créneau climatique au mois de juin autorise un crochet par le Nanga Parbat. Les collectionneurs tentent donc désormais leur chance sur plusieurs des neuf sommets népalo-tibétains avant de se rendre au Pakistan pour s'offrir le Nanga Parbat (en passant) et de filer vers les quatre 8000 du Baltoro.
Les prétendants ensuite. Cette année, beaucoup sont des prétendantes. Et toutes visent un titre de première femme aux quatorze 8000 d'un pays. Les nations émergentes en termes de culture alpinistique sont en surreprésentation. Les filles présentes se connaissent bien pour s'être croisées au gré des expéditions. Le plus souvent, elles cherchent à coaliser leurs organisations et mutualiser leurs compétences. Mais pas toujours.

ELLES SONT BIEN LÀ

En cette étrange journée d'attente, je papote avec Sophie, la Franco-Helvético-Canadienne en passe de boucler son grand chelem. Dans un souffle, je vois passer Kristin Harila, la Norvégienne qui va atomiser le record des quatorze : elle en est déjà à sept en moins de deux mois. Plus haut sur le camp, j'observe la préparation minutieuse des sacs de Josette la Suissesse, Anja l'Allemande et Flor la Péruvienne ; selon leur habitude, elles oseront se passer de l'aide de l'oxygène. Un peu en retrait, discrète et toujours emmitouflée dans sa grosse veste, j'aperçois Alina la Russe. Aram, l'Iranienne aux 65000 *followers*, reste attentive à ne pas apparaître sur les smartphones des uns et des autres. Gina l'Américaine m'interdit de la filmer, je n'y comptais pas, si ce n'est quand elle passe devant ma caméra. Viridiana la Mexicaine se marre et s'entraîne à piloter son nouveau drone. Uta, la guide kosovare, revient de sa séance de yoga. Samina et Naila les Pakistanaises, Yangzum la guide népalaise se fondent avec les équipes de soutien, communauté de langues oblige. Je ne vois pas les deux autres Américaines, Tracee et Ana, parties marcher au-dessus du camp.
Oui, le monde de l'himalayisme a changé. Cette année, sur le camp de base d'une des montagnes les plus craintes, il y a parité de *members*. Autant de figures d'identification probables pour les femmes qui s'interrogent encore sur la légitimité de leurs rêves et de leurs ambitions, sur leur légitimité à oser devenir elles-mêmes. À quand de ne plus remarquer ou revendiquer le genre, mais simplement de partager l'himalayisme ?

LE CARNET DE SOPHIE

Les ressources cachées du corps

C'est toujours un grand étonnement de découvrir de quoi le corps est capable. Bien sûr, le mental y est pour beaucoup, mais quand même, nous possédons des ressources incroyables.
De retour du sommet du Shisha Pangma en 2012, ma première incursion à plus de 8 000 mètres, nous faisons une halte au petit village de Tingri. Ambiance *far west*, une seule rue principale, quelques maisons carrées blanchies à la chaux, toits plats avec épis, plumes et drapeaux de prière aux quatre coins pour éloigner les mauvais esprits. La bourgade est au cœur du plateau tibétain à plus de 4 000 mètres d'altitude. Les chiens sont miséreux. Les femmes en habits traditionnels travaillent à la construction et portent des kilos de briques sur leur dos, en sus du bébé emmailloté. Dans l'alignement de baraques sur un terrain poussiéreux et austère se trouve un hôtel géré par la TMA (Tibet Mountaineering Association). Chambre infecte et battue par les vents, prix fixe et exorbitant.
Nous sommes le 15 mai, et notre arrivée augure d'une double célébration : le sommet du Shisha Pangma et mon anniversaire ! Emprise chinoise oblige, la salle à manger dispose d'une grande table ronde à plateau central tournant sur lequel sont disposés une multitude de plats entourant le gros bol de riz. Les baguettes sont de mise, on s'en accommode. Toile cirée, dorures et néons blafards pour décoration. Tout le monde s'empiffre, et le plateau tourne dans la bonne humeur. Quand on redescend d'un sommet, on a faim !
Faute de gâteau d'anniversaire, on trinque allègrement à la *Lhasa Beer*. La fatigue nous gagne rapidement. Le confort est approximatif, mais l'idée d'un lit me réjouit. Dans la chambre, ni eau ni toilettes.
Deux heures plus tard, je suis réveillée par des crampes d'estomac épouvantables. Les toilettes du palier me servent de refuge le reste de la nuit. L'idée de continuer vers le second 8000 prévu s'efface de mon esprit. Le guide Andreas m'impose immédiatement les antibiotiques. « Dans trois jours ça ira mieux, viens avec nous au Cho Oyu ! »
J'ai du temps, pas d'enjeu ni de pression, j'ai réalisé mon rêve d'aller à 8 000 au Shisha Pangma. Je peux bien aller jusqu'au camp de base voir la montagne. Je m'affale finalement dans le camion avec tous nos sacs. Une fenêtre de beau temps est annoncée. « Demain matin, départ pour le camp 1 », annonce Andreas. Mon instinct me dit que ce n'est pas une bonne idée d'aller en altitude chargée d'antibiotiques. Je décide d'un *stand-by*, puis suis à nouveau malade toute la nuit !
Le matin, les copains sont prêts, moi je m'épuise à simplement enfiler mon pantalon. Je ravale une pastille blanche et retourne me coucher. Andreas reste zen : « Dors jusqu'à midi, on décidera ensuite. » Au réveil, je m'impose le « test du pancake ». Si je le vomis, je reste au camp de base. Si je le garde, je monte.
Trois jours plus tard, je suis au sommet du Cho Oyu.
Le mental a pris le dessus sur le physique, et je m'étonne encore d'avoir été capable d'y arriver. Je découvre cette capacité d'oser. À de nombreuses reprises les années suivantes, je vais expérimenter cela. Comme au K2 en 2018 où je vais réussir à enchaîner camp 3, camp 4, sommet et retour au camp de base en 39 heures sans dormir. Nous possédons des ressources inimaginables, et aller au-delà de son possible procure une joie intense.
Sommet atteint le 25 mai 2012.

DHAULAGIRI I
LA MARCHANDISATION DE LA HAUTE ALTITUDE

Summit push dans les immenses pentes avalancheuses sous l'arête sommitale du Dhaulagiri. Sous les nuages, la vallée de la Kali Gandaki qu'on dit être la plus profonde au monde, enserrée entre deux géants culminant à plus de 8000 : l'Annapurna (8 091 m) et le Dhaulagiri (8 167 m).

07

DHAULAGIRI I
MONTAGNE BLANCHE

Altitude : 8 167 mètres
Pays : Népal
Première ascension : 13 mai 1960 par Ernst Forrer (CH), Albin Schelbert (CH), Kurt Diemberger (A), Peter Diener (D), Nawang Dorje Sherpa (NP) et Nima Dorje Sherpa (NP), suivis le 23 mai par Michel Vaucher (CH) et Hugo Weber (CH). Expédition suisse dirigée par Max Eiselin.

8000

« Ce qui se pratique en montagne sur les grands sommets a un succès d'autant plus grand auprès d'un public d'autant plus nombreux qu'il s'éloigne de l'alpinisme historique. »

GILLES ROTILLON

L'APPARITION DES EXPÉDITIONS GUIDÉES À L'ORÉE DES ANNÉES QUATRE-VINGT MARQUE UN TOURNANT DÉCISIF DANS L'ÉVOLUTION DE L'HIMALAYISME. DANS LE MILIEU DE L'ALPINISME, LES AVIS SONT TRANCHÉS : LA MARCHANDISATION DES PLUS HAUTS SOMMETS SERAIT UNE DÉNATURATION DE L'ESPRIT D'AVENTURE. UN BIAIS PROVOQUÉ PAR LE BOUSCULEMENT DE LA SOCIOLOGIE JUSQUE-LÀ BIEN ÉTABLIE DES « HUITMILLISTES ».

À droite : La pente se raidit avant d'atteindre le camp 2 au pied de l'arête nord-est du Dhaulagiri, en arrière-plan le très joli Tukuche Peak (6 920 m).

07

En 1980, le Suisse Max Eiselin propose ouvertement des places contre rémunération dans une expédition au Dhaulagiri. Une montagne qu'il connaît bien pour avoir été la cheville ouvrière de la première ascension vingt ans au préalable. Dans son sillage, d'autres guides proposent organisation et encadrement à l'Everest, puis sur les 8000 réputés les plus accessibles comme le Cho Oyu ou le Manaslu. Dès lors, il n'est plus nécessaire de faire partie du sérail de l'alpinisme pour prétendre gravir l'une des plus hautes montagnes du monde. Comme l'observe avec une pointe d'ironie le sociologue Michel Raspaud : « Le capital symbolique devient accessible au capital tout court. » Une évolution essentielle si l'on se souvient que, jusqu'alors et à quelques exceptions près, seuls les alpinistes de haut niveau issus des élites nationales pouvaient prétendre s'attaquer un jour aux plus hauts sommets himalayens. Une révolution économique accompagnée par le dynamisme des agences de trekking népalaises alors en plein essor et qui deviennent le maillon essentiel du business de la haute altitude. Peu à peu, des guides regroupés dans des tours-opérateurs occidentaux se spécialisent dans cet accompagnement en très haute altitude permettant à des amateurs – au sens premier du terme – d'atteindre les plus hautes cimes. Le nombre d'ascensions des 8000 se multiplie et l'apparition d'une nouvelle population dans le cercle restreint des himalayistes complexifie les images et brouille les discours établis. Les places étaient rares, elles deviennent accessibles pour qui consent un effort financier. Gravir un 8000 continue d'être un fort marqueur social, mais n'est plus uniquement signe d'audace et de compétences techniques.

QUELLE PLACE POUR LES NOUVEAUX HÉROS ?

Médias et sponsors démêlent difficilement ce qui relève de la performance d'avant-garde de l'expérience « extraordinaire » individuelle. Les récits émanaient jusqu'alors d'une certaine élite de l'alpinisme, ils font désormais florès et génèrent des confusions entre exploit sportif (en regard de l'histoire et

Ci-dessus : La remontée du glacier du Dhaulagiri s'effectue sous la menace des grandes barrières de séracs de la face nord.

de l'évolution de l'himalayisme) et quête de développement personnel. Cherchant à se démarquer en collectionnant les quatorze sommets de plus de 8 000 mètres, l'élite alpinistique participe elle-même à maintenir l'équivoque en revendiquant des performances sur un terrain désormais partagé avec de simples amateurs. Tous ne jouent pas au même jeu et n'appliquent pas les mêmes règles (utilisation ou non de l'oxygène), mais tous se côtoient désormais le long des mêmes pentes et partagent souvent la même trace entretenue par les sherpas. La fréquentation augmente, les ascensions des montagnes de plus de 8 000 mètres par leur voie classique prennent un goût de frelaté et sont regardées avec condescendance par une partie du milieu de l'alpinisme. Un débat sur la légitimité de ces « huitmillistes » – les clients

Le Dhaulagiri I en 10 dates

1808

Repéré par les explorateurs britanniques William Webb et John Antony, le Dhaulagiri est alors considéré comme la plus haute montagne du monde.

1950

La France obtient une double autorisation d'ascension pour le Dhaulagiri et l'Annapurna. L'équipe de Maurice Herzog privilégie le Dhaulagiri avant d'y renoncer à la vue de son impressionnante face sud et des difficultés de la contourner.

1953-1959

Six expéditions se succèdent pour tenter de trouver un cheminement par le nord de la montagne.

1960

Première ascension le 13 mai par les Suisses Ernst Forrer et Albin Schelbert, l'Autrichien Kurt Dieberger, l'Allemand Peter Diener, et les Népalais Nawang Dorje Sherpa et Nima Dorje Sherpa ; le 23 mai par les Suisses Michel Vaucher et Hugo Weber.

1970-1978

Décennie japonaise. Après avoir réussi la seconde ascension de la voie des Suisses en 1970, de fortes équipes nipponnes marquent l'année 1978 en ouvrant successivement le difficile pilier sud-ouest au printemps et l'arête sud-est à l'automne.

1980

Ouverture en style alpin d'un nouvel itinéraire en face est par les Polonais Voyteck Kurtycka et Ludwik Wilczynski, le Britannique Alex MacIntyre et le Français René Ghilini, mais sans parvenir au sommet de la montagne. Les grimpeurs réitèrent et parviennent à la cime quelques jours plus tard en bifurquant finalement sur l'arête nord-est de la première ascension.

1981

Première ascension solitaire par le Japonais Hironobu Kamuro.

1984

Le Français Pierre Béghin et Jean-Noël Roche réussissent avec brio le difficile pilier sud-ouest.

1985

Le 21 janvier, les Polonais Jerzy Kukuczka et Andrzej Czok réussissent la première ascension hivernale. Le 13 décembre 1982, le Japonais Akio Koizumi et le Népalais Nima Wangdu Sherpa avaient atteint le sommet avec un permis népalais d'ascension hivernale (délivré après le 1er décembre), mais leur réalisation n'est pas considérée comme telle du point de vue calendaire (avant le 21 décembre).

1999

Spectaculaire ascension solitaire de la dangereuse face sud par le Slovène Thomas Humar. Arrivé sur l'arête sommitale à 8 000 mètres après sept jours d'ascension, il sauve sa peau en descendant directement par l'arête nord-est sans passer par le sommet.

guidés – ne cesse de grandir pour atteindre son apogée en 1996 avec la mort de deux guides et plusieurs clients lors de la descente du sommet de l'Everest. Drame relaté dans le récit *Tragédie à l'Everest* du journaliste américain Jon Krakauer dont a été tiré le film à succès de Baltasar Kormákur. La mort de clients et de leurs guides provoque un électrochoc médiatique. Si les sportifs professionnels qui ne redescendent pas de leur quête de l'inutile sont facilement panthéonisés, le public et les médias sont soudainement choqués par l'accidentologie de ceux qui ont payé pour jouer aux héros. La dénonciation de la marchandisation des hautes montagnes s'affirme alors avec une remise en cause d'une *industrialisation des services* et de la *dénaturation de l'esprit d'aventure*. L'image véhiculée par l'Everest par exemple se réduisant alors le plus souvent aux excès et dérives inhérents à une fréquentation subitement accrue et à une atomisation d'une sociologie jusque-là bien établie.
Aujourd'hui, la plupart des expéditions présentes sur les quatorze 8000 sont organisées par des agences népalaises pour une somme variant de 30 000 à 150 000 € par personne, selon le sommet et le service proposé.

SAVOIR-FAIRE ET DÉMOCRATISATION

En progression régulière depuis les années quatre-vingt-dix, le nombre de *summiters* sur les 8000 augmente de manière significative à l'orée de la décennie 2000. Du 22 au 25 mai 2001 à l'Everest par exemple, il y a eu plus de monde au sommet (187 personnes) que durant les trente années qui ont suivi la première ascension de Tenzing et Hillary en 1953.
Le record de 32 *summiters* un même jour établi le 12 mai 1992 est pulvérisé dix ans plus tard avec 70 personnes au sommet le 16 mai 2002. Au printemps 2024, ce sont 600 personnes qui sont parvenues à gravir le Toit du monde. Désormais, tous les 8000 sont systématiquement gravis chaque année, y compris ceux dont les ascensions étaient réputées jusqu'alors comme les plus techniques ou les plus aléatoires. Après s'être concentrée sur les 8000 les plus accessibles, l'offre s'est développée au point d'être présente sur l'ensemble des quatorze sommets, ouvrant ainsi la possibilité aux amateurs de prétendre eux aussi à la réussite de la collection des quatorze 8000.
Après les balbutiements des premiers guides, les opérateurs ont développé un savoir-faire inédit par leur présence répétée chaque saison. Cette reconduction systématique et saisonnière par les mêmes organisateurs exacerbe le débat de la *marchandisation* des sommets emblématiques. Cette marchandisation est vécue comme une dérive de *l'esprit de l'alpinisme* et interroge la préemption de fait de la montagne par les agences les plus puissantes au profit d'une clientèle avide de trophées. Au schéma classique du petit groupe de clients et de son guide-artisan partant à l'aventure sur un terrain sans cesse renouvelé s'oppose la logique de l'agence structurée autour d'une organisation rodée. Là encore, l'apparition d'une nouvelle

À gauche : Après avoir remonté l'arête nord-est pour rejoindre le camp 3, l'itinéraire traverse une immense pente suspendue, pour finir par un raide couloir menant au sommet.
À droite : Le fameux *summit cake* traditionnellement préparé par le *cook* de l'expédition.

Dhaulagiri I

ARÊTE NORD-EST, ITINÉRAIRE DE LA PREMIÈRE ASCENSION DE 1960

De Katmandou, vol pour Pokhara, puis deux possibilités pour atteindre le camp de base (4 685 m) situé sur le Chonbardan Glacier.
• En trois jours de marche depuis le village de Marpha (vallée de la Kali Gandaki, la vallée la plus profonde au monde creusée entre le Dhaulagiri et l'Annapurna) en passant par le Thapa Pass (5 230 m) et le col des Français (5 360 m).
• En huit jours de marche depuis Darbang (1180 m) en remontant la vallée de la Myagdi Khola.
Depuis le camp de base (4 660 m), la chute du glacier s'évite en rive gauche par un contrefort issu du Petit Eiger pour prendre pied sur l'immense replat du glacier où est installé le camp 1 (5 750 m). Le camp 2 (6 400 m) est posé en balcon au pied de l'arête nord-est. Le profil de l'arête se redresse et forme la Poire, équipée de cordes fixes. Le camp 3 (7 400 m) est organisé sur de petites terrasses en pleine pente. Le *summit push* remonte la grande pente supérieure pour rejoindre un couloir raide à l'ouest du sommet, puis finir l'ascension par l'arête ouest. Compte tenu de l'évolution des conditions, il faut souvent aller chercher le deuxième ou le troisième couloir pour atteindre l'arête sommitale.

Ci-dessus : Au pied des montagnes les plus fréquentées (Everest, Manaslu), les camps de base des différents tours-opérateurs forment village avec tentes personnelles des *members*, tentes-cuisines, tentes-mess...

population d'himalayiste stigmatisée comme des *aventuriers-consommateurs* bouscule ceux qui se considèrent comme des *alpinistes de culture*. « Les véritables montagnards ont une démarche progressive, sans porteur, sans oxygène et sans camp fixe. Or, il y a désormais un *phénomène sommet*.
On se paie un sommet sans avoir fait de montagne auparavant, c'est devenu une activité de troupeau », affirme par exemple Christian Trommsdorff, activiste du Groupe de haute montagne et néanmoins guide de haute montagne. L'ancien himalayiste de pointe dénonce l'apparition d'un tourisme d'altitude en posant la question de la manière de gravir les plus hautes montagnes : « Chaque démarche est respectable, mais chacun doit avoir conscience des moyens qu'il a utilisés (oxygène, cordes fixes, aide au portage, assistanat par les sherpas)... Le débat porte sur la question de savoir ce qui est le plus important : le résultat – *j'ai fait l'Everest* – ou les émotions et les expériences vécues qui sont clairement liées aux moyens utilisés. » Explicitement est ainsi posée la question du profil des prétendants aux hautes montagnes, question qui interroge la nature même de l'alpinisme et les moteurs du métier de guide. Qui est alpiniste ? L'écrivain Jean-Michel Asselin apporte un regard débarrassé d'un idéalisme de bon ton : « Dans ces expés, il y a des gens dont on ne peut pas contester la légitimité – des professionnels, des alpinistes très expérimentés – et puis il y a des gens qui ne sont pas des alpinistes géniaux ou qui ont très peu d'expérience. Pourtant, tous ont un même désir. Et chacun a organisé son désir, chacun a organisé la possibilité d'accéder à son désir... Pourquoi certains seraient plus légitimes que d'autres ? Quel diktat un peu obsessionnel d'une communauté d'alpinistes dirait *Toi tu as le droit, toi tu n'as pas le droit. Toi tu le mérites, toi non.* »

LE CARNET DE SOPHIE

Résilience

Le Dhaulagiri est la montagne sur laquelle je suis le plus retournée. Quatre fois ! Quatre fois à refaire un budget, trouver les fonds, convaincre les partenaires : une forme de recommencement perpétuel.

Camp de base, automne 2019. J'ai quitté Genève depuis déjà trois semaines. Un SMS de mon frère m'annonce la dégradation de l'état de santé de ma mère. Les mots me glacent. Je me sens isolée dans ce camp de base du bout du monde, je me sens seule. Ma mère va mourir et je suis si loin.

Je commande immédiatement un hélicoptère. Je veux partir. Mais le ciel est couvert. Chaque minute d'attente est insupportable. En fin de matinée, la machine venue de Katmandou est en attente à Pokhara. Assise sur un rocher au bout du camp de base, mes yeux sont rivés vers la vallée avec l'espoir d'apercevoir un coin de ciel bleu qui permettrait au pilote de se faufiler entre les nuages. En début d'après-midi, il se met à pleuvoir. Le téléphone satellite sonne. C'est Khamal, le pilote. Il a réussi à se poser au camp des Italiens, 2 000 mètres de dénivelé en contrebas. Il m'annonce y rester en *stand-by*, il y passera la nuit si nécessaire. Que faire ? Descendre à pied ? Je sais qu'il est trop tard pour se mettre en route. Je me résigne à passer la nuit sur ce camp de base que je me suis mis à détester.

Soudain, un ronron caractéristique monte de la vallée. Khamal a réussi à passer la couche de nuages. Course vers la plateforme qui sert d'héliport. L'hélico se pose, Sangay jette nos sacs à l'intérieur. Quelques accolades réconfortantes, et nous nous envolons. Je connais bien Khamal, un des cinq pilotes népalais capables de voler en haute altitude. J'ai confiance en lui. Comme une mouche désorientée, la machine zigzague et cherche la faille dans les nuées. Elle pique, provoquant un haut-le-cœur. Elle rase le sol de la vallée qui s'élargit. L'aéroport de la petite ville de Pokhara est un stop obligatoire pour refaire le plein. L'hélico pose les patins à 17 h 10. Le technicien au sol annonce que l'aéroport est fermé depuis dix minutes. Interdiction de décoller. Dix petites minutes qui font perdre 24 heures. Sur une vie ce n'est rien, sur la fin de vie de ma mère c'est gigantesque.

Le lendemain, nous sommes cloués au sol à nouveau six longues heures avant que la météo permette de s'envoler vers Katmandou. Puis tout s'enchaîne. Vol international de nuit, retrouvailles avec mon frère à Genève. Pierre a les traits tirés et me dit simplement : « Elle t'attend. »

À son chevet, elle me voit, me sourit, me prend la main. Elle ne parle plus depuis longtemps à cause de son Alzheimer, mais son regard est présent. Je lui glisse à l'oreille : « On ira toutes les deux au sommet du Dhaulagiri .» Elle s'éteint.

Deux années plus tard, après les péripéties de la pandémie de Covid-19 et un nouvel échec au printemps, nous repartons sur la montagne une quatrième fois. Avec Sangay Sherpa, nous parvenons enfin au sommet du Dhaulagiri. Je laisse échapper au vent les cendres de ma mère. « J'avais promis de t'amener là-haut ! »

Sommet atteint le 1er octobre 2021.

Après une période de mauvais temps, refaire la trace est un effort laborieux. Deux sherpas remontent vers le camp 2 du Manaslu après plusieurs jours de chute de neige.

MANASLU LES VRAIS SOMMETS

MANASLU
MONTAGNE DE L'ESPRIT

Altitude : 8163 mètres
Pays : Népal
Première ascension : 9 mai 1956 par Toshio Imanishi (JP) et Gyaltsen Norbu (NP) ; 11 mai par Kiichiro Kato et Minoru Higeta (JP). Expédition japonaise dirigée par Aritsune Maki et Toshio Imanishi. Versant nord-est.

8000

« Toute l'histoire des 8000 doit être réécrite. Ce n'est pas notre faute, mais le vrai est vrai et le faux est faux, que ce soit par intention ou par accident. »

EBERHARD JURGALSKI

LA BASE DE DONNÉES *HIMALAYAN DATABASE* RENSEIGNE 2 813 ASCENSIONS DU MANASLU, ENTRE LA PREMIÈRE JAPONAISE DE 1956 ET LA SAISON 2023. LE BEAU SOMMET NÉPALAIS EST AINSI LE TROISIÈME 8000 LE PLUS GRAVI APRÈS L'EVEREST ET LE CHO OYU. C'EST SANS COMPTER LE TRAVAIL DU CHRONIQUEUR-TOPOGRAPHE FRANÇAIS RODOLPHE POPIER, QUI AFFIRME : « JUSQU'EN 2020, PLUS DE 75 % DES DÉCLARÉS *SUMMITERS* N'AVAIENT PAS ATTEINT LE VRAI SOMMET. » MAIS POURQUOI DONC ?

À droite : Franchissement de la barrière de séracs qui barre l'accès au camp 4 et au plateau sommital du Manaslu.

08 MANASLU LES VRAIS SOMMETS

À droite : Remontée du glacier tourmenté du Manaslu entre le camp 1 et le camp 2. Le sommet est encore caché par sa belle antécime orientale culminant à 7992 m.

Dès les années trente, géographes et alpinistes se sont attelés à dresser les listes des montagnes de Haute Asie et de leurs ascensions. Les compilations des rapports d'expéditions permettent la publication de chroniques himalayennes dans les années cinquante, solide base de données pour ne pas perdre la mémoire. À partir des années soixante, c'est le travail d'une journaliste américaine basée à Katmandou qui va faire référence. Sans jamais mettre un pied en montagne, miss Elizabeth Hawley se transforme en chroniqueuse du Toit du monde et des 8000 népalais. Les sommets, les dates, les noms de chaque compagnon, les allers-retours sur la montagne : elle ne laisse rien lui échapper, elle consigne tout au plus vite avant que les souvenirs ne fassent inéluctablement leur travail de réécriture du vécu.
En 1987, c'est l'Allemand Eberhard Jurgalski qui compile et informatise de manière obsessionnelle toutes les recensions des précédents archivistes de l'Himalaya. Il croise les données, comble les lacunes et estime que ses archives, qu'il met à disposition sur son site 8000ers.com, « constituent la collection de faits la plus précise ».

Le vrai sommet du Manaslu

« Le travail publié sur le vrai sommet du Manaslu est le résultat de plusieurs années de recherche menées par une petite équipe. Ce travail a vérifié des centaines de photos de sommets et de nombreux rapports d'expédition du Manaslu. Il y a plus de 2 000 remises en cause d'alpinistes qui n'étaient pas réellement au sommet. Le point d'arrêt le plus populaire pour la plupart de ces grimpeurs n'est même pas un avant-sommet, c'est juste un point sur une crête où il y a un changement de direction. Il s'agit probablement de la plus grande erreur collective de l'histoire de l'alpinisme et soulève plusieurs questions quant à la raison pour laquelle tant de personnes semblaient croire qu'elles étaient au sommet alors qu'elles ne l'étaient pas. Questions de connaissances, de préparation, d'expérience et de motivation. »
Eberhard Jurgalski, *8000ers.com*

LES JUGES DE PAIX

Le monde des arpenteurs d'altitude est quelquefois agité de polémiques enflammées et de controverses violemment vivifiées par certains egos exposés aux rares projecteurs médiatiques. La réussite d'un 8000 assure une place dans l'altitucratie, potentiel levier économique pour les projets à venir. Le sommet annoncé a-t-il vraiment été atteint ? La performance a-t-elle bien été réalisée selon le style annoncé ? L'acuité des questions se pose à la hauteur des enjeux ou des mises en image.
En l'absence de toute instance régulatrice, les chroniqueurs se retrouvent placés dans le rôle de juges de paix. Statut qu'ils réfutent énergiquement sans s'empêcher de distiller leurs commentaires avertis. Topographes, géographes ou journalistes apportent ainsi leurs regards sur une activité dont les enjeux sont au croisement du sport, de l'aventure et de l'économie. En 2000 par exemple, un Everest revendiqué par un alpiniste canadien est mis en doute par deux de ses compatriotes présents sur les flancs de la montagne. L'affaire aboutit à un procès avec le Club alpin américain, et la fameuse miss Hawley se retrouve citée comme codéfendeur par le CAA qui avait publié ses témoignages recueillis auprès de tous les protagonistes ! Autre exemple en 2010, au moment de la revendication du titre – de taille – de première femme à avoir réussi l'ascension des quatorze sommets de plus de 8 000 mètres. Qui de la Coréenne Oh Eun-sun ou de l'Espagnole Edurne Pasaban en est la détentrice ? La Coréenne, qui revendiquait avoir bouclé le challenge, est mise en cause pour n'avoir atteint qu'une antécime du Kangchenjunga.

LE SOMMET EST LE SOMMET

Mais où est donc le sommet ? Voilà la question métaphysique qui va soudainement agiter le milieu de l'himalayisme et bousculer des hiérarchies pourtant bien établies.
La publication d'études topographiques précise le « vrai » sommet des 8000. Leur zone sommitale, jusqu'alors mal connue pour certains d'entre eux, a subi des fluctuations d'interprétation – volontaires ou non – au cours de l'histoire de leurs ascensions, comme l'a montré la polémique autour de la Coréenne. Le « vrai » sommet de l'Annapurna et du Dhaulagiri,

Le Manaslu en 10 dates

MILIEU DU XIXe SIÈCLE

Les Britanniques du *Great Trigonometric Survey* repèrent le pic XXX.

1950

L'infatigable explorateur britannique Bill Tilman monte au col Larkya, d'où il imagine un itinéraire d'ascension.

1953-1954

Succession annuelle d'expéditions nipponnes.

1956

Première ascension le 9 mai 1956 par le Japonais Toshio Imanishi et le Népalais Gyaltsen Norbu, suivis le 11 mai par les Japonais Kiichiro Kato et Minoru Higeta. Gyaltsen Norbu devient le premier homme à avoir gravi deux 8000 après sa réussite au sein de l'expédition française au Makalu l'année précédente.

1971

L'histoire de la montagne s'écrit sous l'inspiration des hommes du pays du Soleil-Levant qui réussissent la seconde ascension en inaugurant un nouvel itinéraire dans le difficile versant nord-ouest.

1974

Une expédition de 13 Japonaises menée par la générale Kyoko Sato tente une nouvelle voie avant de finalement gravir la montagne par la voie normale le 4 mai. Naoko Nakaseko, Masako Uchida et Meiko Mori, en compagnie du Népalais Jangbu Sherpa, réussissent la première ascension féminine d'un 8000.

1981

Nouvelle voie en face ouest pour les Français Pierre Béghin et Bernard Muller.

1984

Première hivernale le 12 janvier pour les Polonais Maciej Berbeka et Ryszard Gajewski.

2012

Une avalanche balaye le camp 3 (6 800 m) le 23 septembre, provoquant la mort de 11 alpinistes, dont les figures emblématiques du milieu professionnel français : les guides Ludovic Challéat, Fabrice Priez et Rémy Lécluse.

2021

Le 27 septembre, le Népalais Mingma G. Sherpa traverse sous « l'avant-sommet », et gagne la crête acérée du « vrai » sommet sous l'œil d'un drone piloté par le photographe Jackson Groves. La liste des himalayistes revendiquant le sommet est sévèrement remaniée puisque la plupart d'entre eux se sont arrêtés à l'antécime recouverte de drapeaux à prières. La course aux quatorze 8000 change d'époque.

longues arêtes de neige cornichée et de rochers déchiquetés, ou celui du Manaslu, véritable casse-tête topographique en format miniature, sont détaillés et explicités sur la base de photographies. Autant d'indications formelles à disposition des grimpeurs, qui ont pris parfois la fâcheuse habitude de s'arrêter aux antécimes par faiblesse ou facilité commerciale...

En *fact-checker* minutieux, Jurgalski (assisté de quatre autres *geeks* des 8000) a étudié les revendications des himalayistes ayant bouclé les sommets des quatorze 8000. Ses conclusions dévoilées à la presse en 2022 dynamitent la hiérarchie jusqu'alors établie sans ce type de vérification systématique. Des 44 *summiters* ayant gravi les 14 géants himalayens, la nouvelle liste passe à trois ! L'Américain Edmund Viesturs (douzième auparavant) décroche la nouvelle palme d'or, suivi de son comparse finlandais Veikka Gustafsson et du Népalais Nirmal Purja. Séisme.

Face à la tempête suscitée par ses recherches et aux réactions de la quarantaine de grimpeurs mis en cause (ou de leurs descendants !), le chroniqueur allemand se sent obligé de moduler son effet d'annonce. Il se défend d'avoir eu l'intention de déboulonner les mythes de l'himalayisme. Difficile en effet d'effacer du haut des tablettes ceux qui, non seulement ont réussi les premiers à collectionner les quatorze, mais qui ont également façonné l'histoire de la discipline. Il affirme ne pas confondre ceux qui ont inventé et innové avec la génération de coureurs de 8000 s'activant à remplir leur CV à grand renfort d'oxygène, de cordes fixes et d'assistance. Jurgalski s'efforce de rééquilibrer ce qui est de l'ordre de la performance (nouvelles voies, refus de l'utilisation de l'oxygène) avec ce qui est du ressort de l'efficience organisationnelle (préparation simultanée des montagnes, usage de l'hélicoptère pour relier les camps de base). « Honnêtement, personne n'a enlevé un titre ou une importance bien méritée à Jerzy Kukuczka, à Gerlinde Kaltenbrunner ou à Reinhold Messner. » Et l'homme de l'ombre de continuer de développer ses pare-feux en préambule de sa fameuse liste explosive : « La liste s'adresse aux collectionneurs actuels et futurs, l'équipe de rédaction étant pleinement consciente des différences radicales existant entre les pratiques de cette nouvelle ère et l'alpinisme d'exploration traditionnel pour lequel le style compte avant tout. [...] La nouvelle liste repose sur quelques règles simples largement reconnues, acceptées et déjà appliquées par de nombreux grimpeurs. La règle la plus simple est la suivante : le sommet est le sommet. »

À QUI PROFITE LA NOUVELLE LISTE ?

Il est intéressant d'observer les conséquences des chamboulements provoqués par la publication de la nouvelle liste des *summiters* aux quatorze 8000 et d'écouter les réactions de chacun. Beaucoup s'amusent des hiérarchies bousculées, mais personne ne conteste vraiment la validité

À gauche : Le camp 1 installé en deux « étages » compte tenu de l'affluence sur la montagne ! Au fond, l'ensemble des beaux sommets des chaînes de Samdo et Kutang Himal.
À droite : Montée au camp 4 dans les grandes pentes battues par les vents d'altitude.

Manaslu

VERSANT NORD-OUEST

Depuis Katmandou, prendre la route jusqu'à Dharapani. Trek via Karche, Bingtang, Samdo (après avoir franchi le col du Larkya, 5106 m). Depuis Samagaon, montée au camp de base (4840 m) situé au pied du glacier du Manaslu.
L'itinéraire remonte le glacier sur d'immenses pentes crevassées (camp 1 à 5600 m, camp 2 à 6320 m, camp 3 à 6660 m) jusqu'au plateau supérieur (camp 4 à 7440 m). L'avant-sommet confondu comme le point ultime par beaucoup de prétendants est prolongé d'une fine arête cornichée au-delà de laquelle il faut redescendre à un col pour finalement se retrouver au pied du « vrai » sommet.

des performances des premiers grimpeurs à boucler le grand chelem himalayen. Messner, Kukuczka et Loretan, qui composent le trio de tête, ont été des précurseurs et des innovateurs qui ont souvent révolutionné par leur approche iconoclaste. Leur place est inamovible au panthéon des grands hommes de l'altitude. Il en est de même des premières grimpeuses qui ont bousculé ce monde tellement genré, en particulier la grimpeuse allemande Gerlinde Kaltenbrunner réussissant les quatorze sans l'aide d'oxygène supplémenté. Néanmoins, faire un peu de ménage dans les dérives du « *huitmillisme* » ne peut que bénéficier aux grimpeurs intègres et scrupuleux. Question d'équité et de probité. Quant à la génération montante, elle se délecte des nouvelles places à prendre et de pouvoir s'offrir un peu de lumière aux dépens d'icônes. Régal absolu pour une partie des nations émergeant médiatiquement sur les plus hautes montagnes du monde (sous-continent indien, Chine, Amérique du Sud). Le débat est lancé et les luttes d'influence sont vives entre les tenants de l'histoire classique de l'himalayisme et les accros du *Word Guinness Book*.
Mais rassurez-vous, toutes listes confondues, Sophie Lavaud est bien *le* premier Français aux quatorze 8000, la première Suissesse et *le* premier Canadien... Ouf !

En haut : Départ pour le sommet dans un ciel incertain.
Ci-dessus : Sophie Lavaud au « vrai » sommet du Manaslu le 1er octobre 2022.

LE CARNET DE SOPHIE

Tout ça pour ça !

Le 26 septembre 2017, j'atteins le sommet du Manaslu dans des conditions exceptionnelles : peu de monde, météo parfaite. Un sommet de rêve, esthétique, offrant une vue de dingue. Un sommet marquant.
Yan, mon météorologue basé à Chamonix, m'avait convaincue de quitter le camp 4 alors qu'un vent épouvantable soufflait à plus de 60 kilomètres par heure. « Ne t'inquiète pas, au-dessus de 7900, le vent tombera ! » Personne n'y croyait. Mais j'ai confiance en Yan, et je suis partie dans la nuit et la tempête. Droite dans mes bottes d'altitude, j'ai coché ce sommet, convaincue bien entendu d'avoir atteint la cime.
Automne 2019. Autour d'un chaï avec Thaneswar Guragai, directeur de l'agence Seven Summit Treks avec laquelle j'organise mes expéditions, le Manaslu revient dans la conversation. Thanes m'indique que la grande majorité des grimpeurs s'arrête à la première ou à la deuxième antécime et ne va jamais jusqu'au vrai sommet. Si Thanes ne chausse jamais les crampons, il a une connaissance très pointue de l'Himalaya et des 8000. Avec son aimable sourire, il me regarde et me glisse : « Toi non plus, tu n'as pas atteint le vrai sommet du Manaslu. Mais pas de problème, le ministère du Tourisme t'a délivré ton certificat. »
Printemps 2022. Une enquête poussée et menée par un comité d'experts, dont fait partie Thanes, est publiée dans la presse internationale. L'article sur les vrais/faux sommets des 8000 est un énorme pavé dans la mare de l'himalayisme. L'enquête précise que seulement trois personnes sur les 44 précédemment recensées auraient atteint les vrais sommets des quatorze 8000. Mon nom figure sur la liste des remis en cause, mon Manaslu : sommet contesté !
Manque d'informations, excès de confiance des sherpas qui ouvrent la voie, complaisance ou facilité, comment est-ce possible ? Ces sommets himalayens sont immenses, chacun d'entre eux correspond à un massif dans les Alpes. Le vrai sommet est souvent très difficile à localiser. Est-ce vraiment une excuse ? Pour autant, cela n'efface pas les exploits de mes prédécesseurs, bien au contraire ! Je reste convaincue que la plupart d'entre eux ont atteint leur sommet, persuadés d'être au point culminant de la montagne. Comme moi en 2017. Il faut donc que je retourne au Manaslu. Plus précisément, je décide d'y retourner, car rien ne m'y oblige vraiment, mais je suis curieuse de comprendre mon erreur.
Automne 2022, la mousson joue les prolongations. Il pleut tous les jours et l'eau s'infiltre dans les tentes. Les conditions sur la montagne sont dangereuses et l'ambiance morose. Une grosse avalanche entre le camp 4 et le camp 3 fait une victime et 12 blessés. Ai-je bien fait de revenir ici ?
Nuit du 30 septembre, *bis repetita* au camp 4. Beaucoup de grimpeurs ont déjà fait demi-tour à cause du vent violent. Impossible de dormir tant la tente est secouée et le bruit épouvantable. Yan est fidèlement devant ses écrans dans son salon à Chamonix. Il m'indique que le vent tombera entre 1 h et 9 h. « Vas-y ! », m'écrit-il dans un SMS laconique mais clair. Vers minuit, le vent mollit. Je donne l'impulsion à Alex, Lakpa et Nima, qui sont restés avec moi. Il faut s'obliger à sortir de la tente. Yan a annoncé une courte fenêtre météo. Je décide de prendre un peu d'oxygène pour être plus rapide et ne pas risquer de me faire piéger par le mauvais temps qui doit revenir dès le milieu de la matinée. Finalement, je suis seule avec Lakpa. Trop frigorifié, Alex a fait demi-tour dans la nuit avec Nima. Nous atteignons l'arête sommitale du Manaslu au lever du soleil. Une vingtaine de mètres sous le sommet de 2017, une corde fixe part à l'horizontale, longe un col étroit puis remonte à la verticale dans une trace pour atteindre la deuxième bosse. Moins d'une demi-heure nous est nécessaire avec Lakpa pour atteindre le vrai point culminant du Manaslu à 8163 mètres.
L'église est remise au milieu du village et le sommet au milieu de la montagne.
Sommet atteint le 1er octobre 2022.

NANGA PARBAT
AU SECOURS !

Départ nocturne depuis le dernier camp d'altitude : le franchissement de l'Épaule avant de prendre pied sur le plateau de Bazin. Les prévisions météo sont optimistes, Sophie et Sangay ne s'inquiètent pas des nuées qui envahissent le ciel.

NANGA PARBAT
MONTAGNE NUE
DIAMIR
ROI DES SOMMETS

Altitude : 8 126 mètres
Pays : Pakistan
Première ascension : 3 juillet 1953 par Hermann Buhl (AT). Expédition germano-autrichienne menée par Karl-Maria Herrligkoffer (DE).

8000

« Il était vrai aussi que les non-grimpeurs qui se gargarisaient d'éthique nourrissaient une insatiable curiosité à l'égard des expéditions qui tournaient mal. »[1]

TOINE HEIJMANS

LE 25 JANVIER 2018, APRÈS AVOIR ATTEINT LE SOMMET DU NANGA PARBAT EN STYLE ALPIN, L'ALPINISTE POLONAIS TOMASZ MACKIEWICZ, EN DUO AVEC LA FRANÇAISE ÉLISABETH REVOL, EST ATTEINT D'OPHTALMIE, DE GELURES ET PROBABLEMENT DES PRÉMICES D'UN ŒDÈME PULMONAIRE. ALORS QU'ILS ENTAMAIENT LA DESCENTE, LA DÉTÉRIORATION DE L'ÉTAT PHYSIQUE DU POLONAIS CONTRAINT LA FRANÇAISE À CONTINUER SEULE APRÈS AVOIR ABRITÉ SON COMPAGNON D'INFORTUNE À L'ABRI D'UNE CREVASSE À 7 282 MÈTRES D'ALTITUDE.

À droite : Dawa Sangay Sherpa et Sophie Lavaud traversent le glacier de Diamir pour monter au camp 1 situé au pied de l'immense muraille glaciaire du Nanga Parbat.

[1] *Dette d'oxygène*, Belfond, 2023.

09 NANGA PARBAT AU SECOURS !

Élisabeth Revol survit à deux bivouacs dans des conditions précaires et poursuit sa descente. Par intermittence, elle communique sa position, fragiles signes de vie et d'espoir. Elle est finalement secourue à 6 300 mètres par une cordée montée à sa rencontre. Quant à Tomasz Mackiewicz, il ne peut être récupéré par hélicoptère comme espéré et est porté disparu. Le drame vécu par les deux alpinistes fit grand bruit et fait encore couler de l'encre. Première tragédie himalayenne 2.0, tous les éléments étaient réunis pour enflammer la toile et affoler les médias. Les informations, puis les appels au secours envoyés par la Française auprès de ses proches grâce à son inReach® – boîtier GPS permettant l'émission et la réception de SMS par satellite – fuitent rapidement sur les réseaux sociaux. L'effet viral fait le reste : amplification des émotions et interprétations dénuées de distanciation. Hors de toute contextualisation de la haute altitude et de la compréhension des réalités socio-économiques et géopolitiques du Pakistan, les commentaires supplantent les analyses. Le public tremble d'incompréhension face au spectacle en direct de l'agonie des alpinistes.

LA MISE EN SPECTACLE DE L'HIMALAYISME

Le piège s'est refermé sur le petit monde alpinistique. Valorisant par des récits héroïques leurs incursions dans la *zone de la mort* – expression désormais popularisée pour qualifier l'espace au-delà de la frontière symbolique des 8 000 mètres d'altitude –, les himalayistes sont une nouvelle fois désarçonnés face aux réactions de la société. Fascinés par les exploits toujours plus impressionnants des *conquérants de l'inutile*, les spectateurs béotiens sont choqués que des hommes et des femmes puissent parfois en mourir. Derrière les écrans, tous sont happés par l'inimaginable survie de l'une et questionnés par l'agonie de l'autre. À la fois admiratifs de l'incroyable endurance de l'une et bousculés de la vacuité de la mort de l'autre, laissant de surcroît épouse et enfants.
Et puis, Élisabeth Revol enfin revenue dans le monde des vivants, « Tomek » laissé à son linceul de glace, le monde tourne son regard vers d'autres actualités.

QUESTION DE FOCALE

L'affaire Revol au Nanga Parbat, comme l'a parfois titrée la presse, divise les analytiques et les romantiques. Pour les premiers, les règles du jeu de l'engagement revendiquées doivent être assumées. L'himalayisme est un acte volontaire, il n'existe pas de secours possible au-dessus d'une certaine altitude, s'y engager c'est donc se mettre en parenthèse de

Ci-dessus : Au débouché du mur Kinshofer, le camp 2 (6 050 m) est installé sur une acrobatique arête suspendue en plein vide.

la société. Les seconds imaginent candidement que porter assistance sur une montagne himalayenne ne doit pas être plus compliqué qu'un simple vol en hélicoptère et ne comprennent pas que la mise en place d'un secours soit complexe, parfois impossible.
En himalayisme, et singulièrement dans le monde des performeurs, la condition *sine qua non* de l'accès à la très haute altitude est l'autonomie. Qualité valorisée et mise en spectacle. Mais puisque monter là où le corps n'est pas conçu pour vivre est l'argument qui sous-tend la performance, il devrait y avoir acceptation des conséquences. L'himalayiste ne peut qu'assumer ses choix sportifs dont il tire un bénéfice social et symbolique. La transgression qui consiste à se rendre

suffisamment haut dans l'atmosphère pour que le corps soit privé d'oxygène et que l'air trop léger ne sustente plus les hélicoptères a un prix : le risque du voyage sans retour. Le sociologue Michel Raspaud souligne que « l'Himalaya demeure singulièrement un des rares derniers espaces d'aventures dans lequel le risque glorieux, parce qu'encore réel, du jeu avec la mort persiste. » [2]
Alors, à quoi bon aller jouer sa vie à plus de 8 000 mètres ? Sempiternelle question de savoir à quoi sert l'alpinisme.
À rien sans doute, avancent certains. D'autres voient l'alpinisme comme ultime porteur de rêve désintéressé et d'une humanité qui a toujours voulu repousser ses limites. L'émotion autour du secours d'Élisabeth Revol est révélatrice de nos antinomies profondes entre notre désir d'exceptionnel et le formatage

[2] Michel Raspaud, *L'Aventure himalayenne*, PUG 2003.

Nanga Parbat en 10 dates

1895

Première tentative pour gravir un 8000. C'est l'avant-gardiste Albert Frederick Mummery qui tente l'aventure, et en style alpin ! L'illustre grimpeur britannique disparaît avec deux porteurs pakistanais.

1934

Willy Merkl, Wilhelm « Willo » Welzenbach, Ulrich « Uli » Wieland et six sherpas meurent d'épuisement dans la tempête. Le Nanga Parbat, obsession allemande, est rebaptisé par la propagande nazie la *montagne du destin*.

1939

La Seconde Guerre mondiale surprend l'expédition germanique en exploration du versant Diamir. Les grimpeurs sont capturés par les Britanniques et internés en Inde. Heinrich Harrer et Peter Aufschnaiter parviennent à s'échapper et se réfugient au Tibet auprès du jeune Dalaï-Lama. L'incroyable périple sera raconté par Harrer dans son célèbre récit *Sept ans au Tibet* (1950).

1953

Le grimpeur autrichien Hermann Buhl assoit son mythe en atteignant le sommet sans oxygène et en solitaire depuis le dernier camp.

1962

Les Bavarois Toni Kinshofer, Siegfried « Sigi » Löw et Anderl Mannhardt réussissent la deuxième ascension de la montagne par le versant Diamir, inaugurant ce qui deviendra l'itinéraire classique.

1970

Les frères Messner atteignent le sommet puis, après un bivouac de survie, décident de descendre par le versant opposé. Improbable odyssée d'où ne reviendra pas Günther. Début de la légende Reinhold.

1978

Reinhold Messner réussit l'ascension d'un nouvel itinéraire versant Diamir et devient le premier homme à avoir escaladé un 8000 de sa base au sommet d'une seule traite.

1984

Première ascension française par Liliane et Maurice Barrard. Première ascension féminine du sommet.

2016

Première hivernale le 26 février par Simone Moro (IT), Alex Txikon (ES) et Muhammad Ali Sadpara (PK).

2023

Sophie Lavaud boucle son grand chelem himalayen au sommet du Nanga Parbat le 26 juin.

sociétal d'une illusion de sécurité totale. Et les fous d'altitude de se cogner à leurs paradoxes entre prosélytisme de leur passion et nécessité de répondre aux interpellations du corps social lorsqu'il s'agit d'expliciter la mort de l'un des siens. C'est la notion de risque socialement acceptable qui est mise en débat. Le public est d'autant plus enclin à trancher sans nuance qu'il est éloigné des subtilités des codes de l'alpinisme et ignorant de la complexité organisationnelle d'une opération de secours.

QUAND ÇA SE PASSE MAL

En Europe occidentale, avec l'accroissement de la fréquentation de la montagne autour des années cinquante, le système d'entraide basé sur le bénévolat touche ses limites. Sous l'impulsion de l'État, des corps spécialisés se professionnalisent. Leurs structurations et leurs financements répondent au principe de mutualisation de notre pacte social permettant à chacun de faire appel à leurs services sans prérequis financiers. La gratuité des secours est en réalité une prise en charge collective.

En Himalaya, la possibilité des secours est d'une autre nature, avec trois critères de différenciation : l'inaccessibilité (haute altitude et étalement géographique des montagnes), le niveau hétérogène d'intégration du sport-tourisme d'altitude dans l'économie locale, l'organisation sociopolitique des États concernés.

AU PAKISTAN

Une équipe de secouristes entraînés et acclimatés est positionnée en *stand-by* à Skardu, pendant la saison d'été. Le dispositif n'existe pas en hiver, période pendant laquelle la montagne n'est fréquentée qu'exceptionnellement par quelques performeurs. Porte d'entrée du Baltoro, Skardu est à une semaine de marche des 8000. Toute opération de secours est dépendante de la disponibilité des hélicoptères. En cas de nécessité absolue, seuls les hélicos et pilotes vacants de l'armée de la République islamique du Pakistan sont mobilisables.

Les machines peuvent décoller pour des opérations de *Search and Rescue* avec un plafond de vol maximum annoncé à 5 900 mètres d'altitude. Chaque demande d'intervention exige une garantie de paiement, et pour des raisons de sécurité (protocole de l'armée) les hélicoptères ne volent que par deux (en cas de problème technique d'une machine, l'équipage peut ainsi être récupéré). Pour toute expédition, il est de rigueur de s'inscrire au préalable et de déposer une caution de 15 000 $ récupérable en cas de non-intervention. Déroger à ces procédures obligatoires, c'est s'exposer à des situations pour le moins complexes qui retarderont toute opération de secours.

AU TIBET

Sur les trois 8000 du Tibet (Everest, Shisha Pangma, Cho Oyu), le gouvernement chinois, obsédé par la crainte d'accidents, ne délivre des permis que par intermittence, en nombre limité, et uniquement sur les voies « normales ». Toute incursion sur d'autres itinéraires est interdite. Dans un désir de contrôle du risque, la sélection des prestataires habilités à organiser les expéditions est draconienne. Sur la montagne, il est explicitement spécifié que chaque ascensionniste doit être obligatoirement accompagné d'un sherpa, utiliser de l'oxygène et suivre strictement l'itinéraire préalablement équipé des cordes fixées. Enfin, une caution de 5 000 $ par expédition

À gauche : Dawa Sangay Sherpa et Sophie Lavaud escaladent le fameux et très raide mur Kinshofer en s'aidant des cordes fixes enlacées depuis l'ascension de 1962 et entretenues par chaque nouvelle expédition.
À droite : Le versant Diamir du Nanga Parbat, gigantesque face de plus de 3000 mètres de dénivelé.

Nanga Parbat

VERSANT OUEST, VOIE KINSHOFER (ITINÉRAIRE DE L'EXPÉDITION DE 1962)

Longue journée de bus depuis Islamabad jusqu'à Chilas via la mythique *Karakoram Highway*, puis Jeep de Chilas jusqu'au hameau de Halale. Deux jours d'approche pour rejoindre le camp de base (4 200 m) sous la magnifique face du Diamir.
Depuis le camp de base, l'itinéraire remonte le glacier de Diamir jusqu'au camp 1 (4 900 m) creusé dans la neige sous une falaise rocheuse, escalade le long couloir et franchit le mur Kinshofer pour atteindre le camp 2 (6 050 m) installé sur une fine arête vertigineuse. Il franchit ensuite les pentes supérieures entrecoupées de ressauts pour installer le camp 3 (6 800 m). Long *summit push* pour remonter les pentes au-dessus du camp 3, passer l'épaule, traverser le plateau supérieur de Bazin et remonter le raide trapèze sommital.

doit être avancée pour couvrir d'éventuels frais de secours. Officiellement, dans chaque camp de base et à charge des expéditions présentes, plusieurs sauveteurs issus de l'équipe de secours en haute montagne de la région autonome du Tibet sont positionnés en *stand-by*. En cas de nécessité, des hélicoptères en provenance du Népal peuvent intervenir à titre exceptionnel. Là encore, il faut comprendre que toute incursion sur les montagnes tibétaines hors procédure officielle entraverait fortement la possibilité d'un secours.

AU NÉPAL

Le tourisme est l'une des richesses du Népal et représente 10 % de son PIB. Les trekkeurs affluent par milliers au printemps et à l'automne. Les 8000 sont une manne financière qui a poussé le gouvernement à ouvrir le robinet aux autorisations (payantes). Contrairement au Pakistan et à la Chine sous mainmise étatique, le Népal s'enivre d'une économie libérale peu endiguée. En parallèle du développement d'un nouveau tourisme d'altitude, moult compagnies d'hélicoptères ont vu le jour et quelques équipes de secouristes spécialisées se sont constituées. Mais tout déclenchement d'un secours est tributaire de l'accord de l'assurance de la victime puisqu'il n'existe pas de système de « gratuité ». Des sherpas spécialement entraînés et des pilotes habiles forment un combo permettant des opérations de récupération spectaculaires jusqu'à près de

Ci-dessus : Soutenue, raide, impressionnante : l'escalade du Nanga Parbat ne laisse aucun répit, comme ici dans les pentes glacées entre le camp 2 et le camp 3. Au fond, dans la vallée morainique se devinent les taches multicolores du camp de base, 3000 m plus bas.

7000 mètres d'altitude. Avec des conditions météo exceptionnelles et un terrain favorable, des secouristes ont même été *droppés* au bout d'un long câble sous l'hélicoptère à presque 7500 mètres !
Reste le monde de la très haute altitude – au-dessus de 7500 mètres – où la notion même de secours devient illusoire et ne peut dépendre que de la force et du courage des grimpeurs ou des sherpas déjà sur place. Un lieu où cette force et ce courage restent souvent impuissants à sauver des himalayistes en perdition.

QUESTION DE LUCIDITÉ

Les autorités des pays concernés ont conscience de la nécessité de parfaire leur organisation des secours et cherchent à encadrer davantage l'himalayisme. Malgré tout, précaution et autonomie restent les maîtres-mots d'une pratique en responsabilité que revendique Sophie Lavaud. « En 12 ans d'himalayisme et 22 expéditions sur des 8000, je ne me suis pas blessée, je ne me suis pas gelé la moindre phalange, je n'ai jamais déclenché une évacuation. C'est peut-être cela dont je suis le plus fière. »

Le dernier

Mai 2023. Pour mon dernier 8000, je suis venue directement au Pakistan depuis Katmandou une fois le Shisha Pangma en poche, sans rentrer en Europe pour éviter la pression. Comme toujours, je doute. Vais-je y arriver ?
J'ai tellement souffert lors de ma précédente tentative au Nanga Parbat que j'appréhende. Pourtant entourée de Sangay, François et Ulysse, je me sens en sécurité. Mais peut-on vraiment être *safe* sur la fameuse montagne pakistanaise ? Je me rabâche que l'expérience acquise minimise les risques. Mais au fond, je sais que c'est dangereux et que les jokers sont souvent absents de notre jeu.
Nous sommes les premiers sur le camp de base. Avoir le temps de prendre du temps ! Pour l'acclimatation et pour le tournage d'un film. La chaîne Canal+ a signé le projet de documentaire. Mais les obstacles s'enchaînent. Grosse chute de neige qui nous cloue au camp de base. Problèmes administratifs qui retiennent deux de nos sherpas à Katmandou. Pendant trois semaines, nous ne ferons rien de ce que nous avions imaginé.
Puis tout s'accélère. Kristin Harila et nos sherpas manquants déboulent au camp de base. La performeuse norvégienne qui tente de gravir les quatorze 8000 en seulement une saison n'est que l'ombre d'elle-même. Depuis le Shisha partagé ensemble il y a un mois, Kristin a enchaîné huit 8000 ! Je m'y reprends à deux fois pour compter tellement cela me paraît inouï.
Nous décidons de coaliser nos énergies et partons finalement pour notre *summit push* depuis le camp 3. 1400 mètres de dénivelé nous séparent de la cime. À ces altitudes, c'est colossal. Sommes-nous capables ? Dans le mauvais temps, nous atteignons les pentes sommitales, raides, engagées. Depuis plusieurs heures, nous évoluons sans cordes fixes.
Quelques dizaines de mètres sous le sommet, nous croisons Kristin. Elle me serre dans ses bras. L'émotion m'envahit. « *You are so close from summit, your fourteen peaks! Congratulations, dear Sophie!* » Moment de joie furtif, mais il faut poursuivre jusqu'en haut malgré le blizzard.
Nanga Parbat, 8126 mètres. 26 juin 2023. Quelques photos, un *selfie*, une accolade avec Sangay, un point GPS. Cinq minutes, dix minutes ? Guère plus, nous sommes préoccupés par la descente.
Désescalade, retour au camp 3, 22 heures après l'avoir quitté, puis réveil à minuit sous la pression de la neige qui arrache les tentes à la pente. Évacuation de la montagne dans la tempête, passage au camp 2, rappels du mur Kinshofer. Où trouve-t-on cette incroyable énergie pour sauver sa peau ? L'arrivée au camp de base est saluée des traditionnelles embrassades, colliers de fleurs, tirs de Kalachnikov...
Et cette pensée me traverse l'esprit : « Tu as réussi à atteindre le sommet des quatorze 8000. »
De retour à Genève quelques semaines plus tard, je ressens ce paradoxe de la fin. Immense joie d'avoir réussi le grand chelem himalayen, mais vague à l'âme d'une dynamique qui se clôt. Depuis dix ans, les expéditions rythment ma vie. Momentanément, les départs sont remplacés par les interviews, les plateaux de télévision et les conférences... Tout cela est flatteur, certes, mais l'Himalaya me manque déjà.
Sommet atteint le 26 juin 2023.

ANNAPURNA 1
LES HOMMES DE L'OMBRE

Dawa Sangay Sherpa, départ pour le sommet dans le blizzard de la nuit.

10

ANNAPURNA
DÉESSE DE L'ABONDANCE

Altitude : 8 091 mètres
Pays : Népal
Première ascension : 3 juin 1950 par les Français Maurice Herzog et Louis Lachenal.

8000

« J'ai souvent bivouaqué pour attendre le beau temps, passé des nuits dans la tempête... Dans un orage, il n'y a rien d'autre à faire que s'asseoir. Et attendre que ça passe, la trouille au ventre... »

CHRIS BONINGTON

LA MÉTÉO EST UN ÉLÉMENT CLÉ DE LA RÉUSSITE D'UN 8000. LES PROGRÈS DANS LA FINESSE DES PRÉVISIONS CONJUGUÉS À L'ACCESSIBILITÉ DES COMMUNICATIONS VIA SATELLITE ONT INTENSIFIÉ LA RELATION QUI UNIT LE GRIMPEUR À SON MÉTÉOROLOGUE.

À droite : Gros mauvais temps. Le camp est comme un voilier qui se met à la cape... mais il faut en permanence dégager la neige pour ne pas se laisser enfouir.

10 ANNAPURNA I
LES HOMMES DE L'OMBRE

À droite : L'itinéraire historique de la face nord de l'Annapurna. Dans le ciel, les cristaux de glace en suspension dans l'atmosphère diffractent la lumière en un immense halo.

Derrière ses ordinateurs à Chamonix, Yan Giezendanner a partagé les expéditions des plus grands himalayistes. Il est de ceux qui savent décrypter les masses d'air, le vent et les températures de l'atmosphère calculés par les puissants modèles informatiques de simulation. En référence à la voile, le métier de Yan est joliment qualifié de « routeur des cimes ». Préférons celui de prévisionniste. Car contrairement à la navigation au large, en montagne, il ne s'agit pas de changer d'itinéraire en fonction des évolutions météo, mais d'adapter la stratégie d'ascension sur l'itinéraire fixé.
Yan est le prévisionniste de Sophie. Avec elle, et par procuration de conversations SMS quotidiennes, il gravit chaque sommet. Avec lui, elle bâtit ses plans, se positionne au bon camp au bon moment, adapte le rythme du *summit push*. Regard de l'homme de l'ombre sur la femme dans la lumière.

LA PRESSION DES QUATORZE

« J'ai rejoint très tôt Sophie dans sa quête. Au début, elle ne voulait pas me dire qu'elle tentait les quatorze 8000. Mais j'ai vite compris son challenge. Elle ne voulait pas l'avouer, elle ne voulait pas se mettre la pression. C'était une forme de protection vis-à-vis du milieu, des sponsors et de ses amis.
Je suis devenu le troisième de cordée du duo Sophie-Sangay. Ensemble, nous affinons la stratégie en fonction de ce que je "vois" sur mes écrans. Sophie a une grande qualité : elle sait temporiser et optimiser les prévisions. Grimper n'est pas toujours le plus difficile. Le plus compliqué, c'est savoir gérer l'attente et ne pas s'user psychologiquement. J'ai connu des très forts qui pétaient les plombs en attendant le bon créneau météo. Sophie est étonnante, elle a une force mentale cachée qui lui permet de se concentrer sur son objectif. »

MÉTHODE YAN-SOPHIE ?

« Je ne fais pas les mêmes prévisions pour tout le monde. J'adapte mes infos au type de projet, bien sûr, mais également à la personnalité de l'himalayiste. La possibilité d'une fenêtre par exemple n'est pas la même pour tout le monde. Ça dépend du

L'Annapurna I en 10 dates

1950

Première ascension le 3 juin par les Français Maurice Herzog et Louis Lachenal, sans reconnaissance préalable de la montagne et sans recours à l'oxygène. Première ascension d'un 8000. Le livre *Annapurna premier 8000* deviendra l'ouvrage d'alpinisme le plus traduit et le plus vendu au monde.

1970

Deuxième ascension par une expédition britannique répétant la voie des Français. Troisième ascension par la spectaculaire face sud : la réussite de Dougal Haston et Don Whillans inaugure l'époque des voies difficiles sur les 8000.

1978

Le 15 octobre, première ascension féminine par les Américaines Vera Kormakova et Irene Miller, accompagnées de deux sherpas. Le lendemain, Alison Chadwick et Vera Watson ne reviendront pas de leur tentative.

1979

Dans une expédition française dirigée par Jean-Louis Georges, Henri Sigayret et Yves Morin atteignent le sommet le 30 avril. Yves Morin décède lors de sa tentative de descente à ski.

1985

Les Tyroliens Reinhold Messner et Hans Kammerlander réalisent la première ascension de la face nord-ouest en style alpin.

1987

Les Polonais Jerzy Kukuczka et Artur Hajzer s'offrent la première hivernale.

2000

Parution du livre *Une affaire de cordée* de l'écrivain américain David Roberts remettant en cause la première ascension de Maurice Herzog et Louis Lachenal.

2019

Le *fact-checker* Eberhard Jurgalski publie ses premières conclusions sur les « vrais » sommets des 8000. L'Annapurna fait partie des sommets complexes qui donnent du fil à retordre aux topographes.

2020

Un article paru dans le *New York Times* pose le problème du vrai sommet pour certains 8000 et questionne la « zone de tolérance ». Interrogé sur sa difficile voie de 1985, Reinhold Messner réplique : « Si quelqu'un pense que ce que j'ai fait était de la merde, je peux vivre avec. »

2022

Eberhard Jurgalski diffuse une liste des himalayistes qui, selon lui, ont gravi les vrais sommets des quatorze 8000. Une épuration qui fait passer de 44 à 3 les prétendants au grand chelem himalayen.

rythme et des objectifs. Je sais donc le type des informations dont Sophie a besoin. En retour, la confiance qu'elle a acquise en mes prévisions lui permet d'oser continuer dans des conditions qui pourraient lui paraître aléatoires sur le terrain. Je connais les quatorze 8000 et leurs systèmes météo. Je connais Sophie. Ça fait gagner du temps. Elle m'indique son planning pour séquencer la période d'approche, l'acclimatation et le créneau de la tentative de sommet. Pendant son trek, j'envoie quelques messages du genre pluie/pas pluie... Dès qu'elle est au camp de base, je me cale sur la temporalité de l'expé. Et puis, progressivement je commence à chercher une fenêtre pour tenter le sommet. Les envois de SMS sur son InReach® vont s'intensifier. »

LES DÉCISIONS

« Qui décide ? Ça dépend des configurations. Si c'est grand beau, Sophie ne se pose pas de question. Mais s'il neige un peu par exemple, il faut qu'elle ait suffisamment confiance pour se dire : "Il m'a prévu du beau temps, je sors de ma tente, je suis dans le nuage, mais on va passer au-dessus, il me l'a dit..." Une fois, elle m'a envoyé un SMS : "Je vois des éclairs au loin ! Qu'est-ce que je fais ?" Et de lui répondre "Va quand même ! C'est pas grave, c'est très loin, ça va partir !" »

LE RISQUE

« Je n'ai pas vraiment peur. J'habite à Chamonix. C'est un peu le centre du monde pour l'alpinisme, et en particulier pour l'alpinisme de performance. Je suis souvent confronté à la mort en montagne. Ça fait partie des risques. La gestion du risque fait

Annapurna 2019

Yan, 22 avril

« lundi 22, beau avec bancs de brouillard et averse faible, pas de vent rafale. »
« mardi 23, beau le matin puis faible cumulus de neige 10-15 cm, pas de vent puis rafales faibles, –20 °C au sommet, la nuit sera claire. »
« mercredi 24, beau, quelques cumulus, neige faible, top nord-ouest, –24 °C. »
« jeudi 25, beau le matin puis cumulus faible neige, vent 6500 NW 20, 7000 NW 40, 8000 NW 50, –20 °C. »
« 26-27, beau avec monstre vent, bisous, dis-moi ce que tu fais. »

Sophie, 22 avril

« On tente cette nuit je crois... bisousss »
« Vais dormir un peu... »

Yan, 22 avril

« Fais de beaux rêves.
Ça va le faire demain. »

Yan, 24 avril

« Sophie est-ce que tu es revenue au camp de base ? »

Sophie, 24 avril

« Coucou Yan. Je viens d'arriver !! Oufff finito c long avec beaucoup de neige. Quelle montagne. Bisou merci pour tout !! T'avais pas reçu mon message ? »

Yan, 24 avril

« Une super nana
bisous. Non pas reçu. »

À gauche : Sophie Lavaud au sommet de l'Annapurna le 23 avril 2019.
À droite : Le prévisionniste chamoniard Yan Giezendanner et ses ordinateurs.

Annapurna I

FACE NORD, ITINÉRAIRE DE LA PREMIÈRE ASCENSION

De Pokhara, une journée de bus jusqu'à Tatopani puis, le lendemain, une petite heure de Jeep jusqu'à l'hélipad de Dana. Ces dernières années, l'utilisation d'un hélicoptère pour rejoindre le camp de base était privilégiée par la plupart des agences. En effet, suite à la détérioration du sentier d'accès devenu périlleux, il était très difficile de trouver des porteurs qui acceptent de l'emprunter. Depuis 2022, une route et un réaménagement de l'accès permettent de rejoindre le camp de base en deux jours de marche. Depuis le camp de base (4 200 m), montée au camp 1 (5 040 m) par la rive droite du glacier. Montée au camp 2 (5 490 m), dont l'emplacement oblige à une longue traversée sous les séracs. Plusieurs options pour le camp 3 (6 550 m) : soit par le couloir historique très exposé aux avalanches, soit par l'éperon des Hollandais, plus technique, mais moins dangereux. Accès au camp 4 (7 080 m) en remontant la partie supérieure du glacier suspendu. *Summit push* avec une grande traversée pour atteindre puis remonter le couloir des Français. Sommet sur la gauche à la sortie du couloir.

Ci-dessus : Dawa Sangay Sherpa, compagnon d'altitude de Sophie Lavaud. Douze expéditions partagées, sept sommets réussis ensemble.

partie de l'alpinisme. On pourrait disserter longtemps là-dessus. Je n'ai pas peur, non. Mais je suis content lorsque j'ai le message qui me dit : "On est au top, on est au sommet, on redescend tranquille !" Ma collaboration avec les grimpeurs est basée sur la confiance mutuelle. Je dois avoir confiance en eux, comme ils ont confiance en mon travail et mon attention. Et avec Sophie en particulier, je sais qu'elle saura faire demi-tour. Avec d'autres, je me méfierais un peu plus. »

CONFIANCE

« Au camp de base, la météo, c'est la discussion numéro un. Une obsession même. Il y a une foultitude d'informations qui circulent. Les agences et les sherpas ont accès à des prévisions chinoises, indiennes, népalaises. Quand nous échangeons avec Sophie, et que je sens qu'elle s'interroge sur des infos qui ne sont pas exactement concordantes, je finis par lui dire : «Écoute, si tu fais un mélange de tout, tu n'y arriveras pas. Tu m'écoutes moi, et ça va le faire." Mais sur place, au milieu des autres, c'est difficile ! Je me souviens du Kangch. Toutes les équipes étaient parties, et nous, avec Sophie, on avait décidé de rester au camp de base. Elle me disait : "T'es sûr ?" Je lui répétais : "Reste, ne bouge pas". Les autres sont montés, ont chopé du vent et ont galéré pour réussir à descendre. *Nous*, on est parti trois jours plus tard, et on a fait le sommet ! »

ERREURS ?

« Avec Sophie, oui, je me suis trompé. Mais pas souvent, je pense. Du décalage dans des averses de neige ou dans l'arrivée du vent. Mais pas d'erreurs qui auraient pu compromettre l'ascension ou pousser la prise de risque. Des prévisions restent des prévisions. Ce que je peux affiner, c'est le niveau d'incertitude. Et comme avec Sophie, j'ai un bon feeling parce que je sais qu'elle est extrêmement prudente, je peux partager cette zone grise. Elle n'a pas envie de mourir en héroïne. »

LE CARNET DE SOPHIE

Mon héros

Annapurna, premier 8000. Le premier sommet de plus de 8 000 mètres à avoir été gravi en 1950. Je suis extrêmement admirative des premières conquêtes himalayennes. Comment ces hommes osaient-ils se lancer dans ces dédales de glace pour trouver un itinéraire et atteindre le sommet ? Beaucoup ont péri, tous ont souffert. Nous avons tous en tête cette photo de Maurice Herzog brandissant son piolet au sommet. Il en redescendra avec Louis Lachenal mutilé, aux orteils et doigts gelés.

Dans la réussite d'un tel exploit, on oublie trop souvent les personnes qui œuvrent dans l'ombre. Les sherpas en particulier, premiers embauchés pour le portage de tout le matériel. Le nom de leur ethnie – le peuple de l'est – est devenu la dénomination d'un métier. L'histoire a retenu de rares noms comme celui de Tenzing Norgay Sherpa qui a gravi l'Everest aux côtés d'Edmund Hillary en 1953. Aujourd'hui, le nom de Nirmal Purja (Nims Daï), qui n'est pas Sherpa mais qui a su s'entourer des meilleurs pour son record de 2019, est connu de la planète entière. Mais qui a retenu le nom de ces meilleurs ?

De tous les sherpas que j'ai côtoyés au fil de mes expéditions, un nom est gravé à vie dans ma mémoire et dans mon cœur : Dawa Sangay Sherpa. C'est à ses côtés que j'ai réussi plus de la moitié de mes expéditions.

À notre retour du K2, en 2018, Sangay me glisse « *Didi* [1], *if you are looking for a sherpa for your fourteen peaks project, I want to work with you. Please tell me.* »[2] J'ai été étonnée et touchée par cette demande. Rares sont les sherpas qui adoptent une posture proactive. D'un tempérament réservé, ils sont toujours extrêmement serviables, mais prennent rarement les devants. J'ai immédiatement accepté. Échaudée par une mauvaise expérience passée, j'ai juste spécifié : « *No drink, no smoke!* » Sangay m'a simplement répondu : « *OK, deal!* »

L'automne suivant, nous sommes au Dhaulagiri. À notre arrivée au camp de base, nous décidons de l'emplacement des tentes, puis Sangay m'apporte un carton rempli de magnifiques grenades. « *For you didi* », trois mots puis s'en va. À Katmandou, il avait repéré que j'adorais ce fruit à la fois sucré et acidulé. Il avait prié le cuisinier d'emporter un carton à mon attention. Désormais, à chaque arrivée sur un camp de base, je trouverai mon petit carton.

Une autre particularité distingue Sangay. Il aime la montagne, il aime grimper. M'accompagner sur mes 8000 ne représente pas uniquement un job et un salaire confortable, mais une réelle opportunité de passer du temps sur ces grandes montagnes qu'il adore.

2019, année particulière avec quatre expéditions et trois sommets réussis : l'Annapurna, le Kangchenjunga et le Gasherbrum I. Notre fonctionnement s'affine, nos stratégies d'ascension se précisent : qui fait quoi, qui porte quoi, qui décide quoi. Une complicité en *broken English* qui fonctionne parfaitement !

Sangay n'est pas expansif, mais il agit. Avec sa grande expérience, il porte parfois la double casquette de *Sophie didi sherpa* et *base camp manager*, éventuellement même celle de *sirdar* (responsable de l'équipe de sherpas). Il sait faire et il aime ça.

Au fil des années, notre complicité lui a ouvert la porte de l'Europe, et l'apprentissage du ski. En Himalaya, c'est lui le patron ; dans les Alpes, il découvre et savoure. Viendra bientôt le déclic de tenter le diplôme international de guide de haute montagne. Il en a bien évidemment les capacités.

Nous avons partagé douze expéditions et réussi sept sommets. Sur mon avant-dernier 8000, la Chine rejette sans explication plusieurs visas pour l'équipe de sherpas, dont celui de Sangay. Il me persuade de partir malgré tout : « *Don't miss this opportunity, just go and climb!* »[3] C'est en pleurs et inquiète que je pars au Tibet sans lui, sans mon compagnon d'altitude, sur les dangereuses pentes du Shisha Pangma.

Quelques semaines plus tard, nous voilà ensemble au sommet du Nanga Parbat. Sangay est le seul à avoir encore un peu d'énergie pour crier dans le vent : « *Last fourteen peak of Sophie Lavaud! Bravo Sophie!* »[4]

Merci Sangay.

Sommet atteint le 23 avril 2019.

[1] « Appellation amicale, littéralement « grande sœur » en népali. »
[2] « Si tu cherches un sherpa pour ton projet des quatorze, je veux travailler avec toi. S'il te plaît, tiens-moi au courant. »
[3] « Ne loupe pas cette opportunité, vas-y et grimpe ! »
[4] « Le dernier des quatorze pour Sophie Lavaud ! Bravo, Sophie ! »

GASHERBRUM I
DERNIER CAMP

Montage d'un camp d'altitude dans le cumulus de fin d'après-midi.

11

GASHERBRUM I
BELLE MONTAGNE
HIDDEN PEAK
MONTAGNE CACHÉE

Altitude : 8 080 mètres
Pays : Pakistan/Chine
Première ascension : 5 juillet 1958 par les Américains Peter « Pete » K. Schoening et Andrew « Andy » J. Kauffman.

8000

« Dans l'excès de froid, on découvre la profondeur de notre misère. Réduits à notre portion congrue, nous nous concentrons sur l'essentiel, nous devenons un pur bloc de pauvreté. »

AMÉLIE NOTHOMB

175. C'EST LE NOMBRE DE NUITS QUE SOPHIE LAVAUD A PASSÉES DANS LES CAMPS D'ALTITUDE DURANT SES 22 EXPÉDITIONS SUR LES 8000. PRESQUE SIX MOIS À TENTER DE SE REPOSER, SE NOURRIR ET S'HYDRATER DANS DE MINUSCULES ABRIS DE TOILE ARRIMÉS À LA PENTE. GASHERBRUM I, CAMP 3, 7 080 MÈTRES. SOPHIE RACONTE LE QUOTIDIEN TOUT LÀ-HAUT.

À droite : Creuser la pente et tasser la neige pour préparer un emplacement où monter la tente : un effort toujours harassant qu'il faut gérer pour ne pas accentuer les effets de l'hypoxie due à l'altitude.

MILLET

11 GASHERBRUM I
DERNIER CAMP

« Le dernier camp d'altitude se situe toujours au-dessus de 7 000 mètres. Les conditions de ces dernières heures avant le *summit push* sont donc difficiles et inconfortables. Il faut affronter, s'organiser et essayer de se reposer pour pouvoir tenter le sommet.
Depuis le camp précédent, nous avons marché et grimpé plusieurs heures. Chaque pas pour gagner un peu d'altitude. Chaque pas plus difficile que le précédent. Ce matin, nous avons démonté la tente du camp 2, qu'il nous faut porter vers le camp 3. En sus de tout le reste : sac de couchage, matelas, gaz, réchaud, nourriture, pharmacie de secours, matériel de grimpe... Arrivés à l'emplacement choisi, nous commençons par creuser une plateforme. Pelleter et piétiner la neige. Chaque geste épuise. L'hypoxie est une souffrance permanente. Ne pas se mettre dans le rouge, ne surtout pas se mettre dans le rouge. Mais avoir le courage de rester efficace. Prendre le temps de sculpter un bel emplacement, c'est s'assurer un peu de confort. Par économie de poids, ce soir nous nous tasserons à trois dans une tente prévue pour deux ! Le montage de la tente est un exercice en soi. Jouer avec le vent pour que les toiles ne s'envolent pas, rester attentif au dépliage des mâts rendus cassants par le froid, ne rien laisser s'échapper dans le vide, enfiler les arceaux sans déchirer la toile, arrimer les cordelettes de tension...
Voir la tente montée est d'un grand réconfort psychologique. On va pouvoir se protéger du vent et du froid. On va pouvoir s'allonger. On va pouvoir boire. Mais pas de précipitation pour se glisser à l'intérieur. De la méthode, toujours de la méthode. Retirer les crampons d'abord, pour ne pas risquer de déchirer la toile avec les pointes acérées. Mais sans crampons, attention à ne pas glisser dans la pente ! Piolets, broches à glace et *snow bars*, qui pourraient endommager la tente, restent à l'extérieur ou dans l'abside (petit espace à l'entrée). Là, le barda sera accessible et à l'abri de la neige, mais prendra de la place. Stockée à l'extérieur, la quincaillerie sera vite recouverte de neige et emprisonnée dans une gangue de glace : pas top quand il faudra la récupérer pour partir vers le sommet. Pas de solution parfaite.
Avec Sangay, nous avons nos petites habitudes. Pendant qu'il termine les amarrages, je rentre la première dans la tente. Un coup de vent violent pourrait l'arracher du sol, je fais donc office de lest. Aussitôt, je gonfle les petits matelas, isolants indispensables contre le froid du sol gelé. Ah, avant de retirer les chaussures, ne pas oublier de ressortir pour aller aux toilettes. Il faut limiter les va-et-vient entre l'extérieur et l'intérieur, toujours pénibles et épuisants. Rationaliser les mouvements, c'est limiter les dépenses d'énergie, c'est se préserver. Une fois tous installés dans la tente, le but du jeu sera de ne plus en sortir !
De retour des toilettes donc – où il a fallu définir et creuser un emplacement loin de la neige qui va servir à faire de l'eau – je me glisse à genoux, me retourne sans faire rentrer de la neige et retire mes sur-chaussures (pas si facile en position assise, engoncée dans les vêtements d'altitude, les doigts malhabiles protégés par les sous-gants). Ces grosses coques et leur guêtre intégrée restent dans l'abside. J'entre enfin dans l'habitacle en gardant aux pieds les chaussons thermiques que je glisserai un peu plus tard dans le sac de couchage

Ci-dessus : La pyramide sommitale du Gasherbrum I vue des pentes du Gasherbrum II.

Le Gasherbrum I en 10 dates

1856

Les Britanniques de la *Great Trigonometrical Survey of India* baptisent les principaux sommets du Karakoram dans l'ordre de leur altitude supposée.
Le Gasherbrum I est ainsi baptisé K5, alors qu'en réalité, il est le deuxième plus élevé du bassin.

1934

Reconnaissance de l'*International Himalayan Expedition* sur les Gasherbrum I et II.

1936

Première tentative française d'ascension d'un 8000. Pierre Allain et Raymond Leininger renoncent à 6 830 mètres face à une météo dégradée.

1958

Première ascension le 5 juillet par les Américains Peter « Pete » K. Schoening et Andrew « Andy » J. Kauffman. Réussite remarquable d'une expédition aux moyens limités. L'alpinisme n'est pas encore un sport très populaire aux États-Unis.

1975

Deuxième ascension et première de la face nord-ouest le 10 août par l'Italien Reinhold Messner et l'Autrichien Peter Habeler. Expédition d'avant-garde en style léger et première réussite d'un 8000 en « style alpin ».

1980

Ascension française et ouverture de l'itinéraire en face sud par Maurice Barrard et Georges Narbaud dans un style comparable à la réussite Messner-Habeler de 1975.

1982

Le 22 juillet, la Française Marie-José Valençot est la première femme au sommet du Gasherbrum I.

1982 BIS

Le Suisse Sylvain Saudan réussit le 22 juillet également la première descente d'un 8000 à ski.

1983

Les Suisses Erhard Loretan, Marcel Rüedi et Jean-Claude Sonnenwyl réussissent l'ascension de trois 8000 en 17 jours (Gasherbrum II, Broad Peak, Gasherbrum I).

2012

Première ascension hivernale le 9 mars par les Polonais Adam Bielecki et Janusz Golab.

Ci-dessus : Travail d'optimisation du poids : dans certaines situations, c'est bien le confort des camps qui est sacrifié ! Cinq dans une tente d'altitude prévue pour deux personnes, la nuit est longue !

pour les garder chauds. Je vide mon sac à dos puis celui de Sangay, et je les dispose sous les matelas en guise d'isolants supplémentaires et d'oreillers. Petit luxe, je recouvre les matelas de la fine couverture que j'ai piquée dans l'avion lors de mon vol international ; deux avantages : une isolation en plus et une matière antiglisse. Le froid est l'obsession, il épuise insidieusement et empêche un vrai repos.

Sangay s'est chargé de remplir un sac de neige propre qu'il a soigneusement rangé dans l'abside, c'est la réserve pour faire de l'eau. Le petit réchaud calé sur une planchette de bois ronronne déjà. Outil précieux et gage de survie, il est manipulé avec soin. Nous avons chacun un briquet, protégé dans une poche de la veste polaire. Toujours la même poche. Savoir où chaque ustensile est rangé, ne jamais avoir à chercher. Ne rien perdre. Et faire de l'eau donc, en continu. Pour compenser la déshydratation, il faudrait avaler six litres par jour. Un défi rarement atteint. Soupe, thé, bouillon. Boire et se réchauffer. L'hypoxie altère aussi le goût et coupe l'appétit. La moindre odeur trop forte donne envie de vomir. Il faut pourtant trouver la motivation de se nourrir un peu. Les barres énergétiques ne sont plus d'actualité, elles gèlent et collent au palais à cause du manque de salive. À défaut, nous nous contenterons d'une *Happy Cow – Vache qui rit®* locale – écrasée sur un biscuit et d'une soupe instantanée pakistanaise trop épicée. Le réchaud ronronne. Il est temps de retirer la première couche d'habits : combinaison ou pantalon et veste en duvet. Gagner un peu d'aisance pour se couler dans le sac de couchage déjà occupé par des gants, des batteries, des chaussettes de rechange, l'appareil photo et le GPS... La première gourde remplie d'eau bouillante sert de bouillotte. »

C'EST LA NUIT

« Au premier sommeil, succède un repos saccadé d'apnées dues au manque d'oxygène. L'esprit flotte, comme en demi-conscience. Un état végétatif qu'il faut accepter. Chacun tourne et se retourne, cherchant sa position. Je me cale toujours sur un côté, même si la place centrale est la plus chaude : le pipi incontournable de la nuit est ainsi plus facile à gérer. Car impossible de dormir la vessie pleine. Féminité et intimité sont à oublier. D'abord, trouver de l'énergie pour sortir du sac de couchage, baisser collant et culotte, positionner le petit entonnoir et le sac plastique, se concentrer, se rhabiller, et vite se faufiler à nouveau dans le sac de couchage pour se réchauffer. Au matin, je jetterai l'urine transformée en un petit bloc de glace pour récupérer le sac. Boire fait uriner. Mais s'empêcher de boire, c'est accélérer la dégradation physique. »

DEMAIN

« Aux premières lueurs du jour, l'un de nous commence à gratter l'intérieur de la tente. La condensation s'est déposée sur la paroi et forme une pellicule de glace qui ne demande qu'à nous tomber dessus. Raclage terminé, il faut attaquer le cérémonial de l'eau pour recommencer à boire, tenter un vague petit-déjeuner, remplir à nouveau les gourdes et les bouteilles isothermes. Nous rendormir un moment, puis attendre. Nous avons décidé de partir pour le sommet vers 18 h 30. La stratégie est de grimper toute la nuit et la journée suivante pour avoir le temps de monter à la cime et de redescendre de jour.

À droite : Réfugiés dans la tente. Il va peut-être falloir penser à enlever les crampons ?

Gasherbrum I

FACE NORD-OUEST (VOIE DES JAPONAIS)

Vol d'Islamabad à Skardu (ou deux jours de route via la *Karakoram Highway*). Une journée de Jeep pour atteindre le hameau de Askole (3 040 m), puis longue remontée du Baltoro en sept jours de marche : Jola (3 200 m), Paiju (3 400 m), Urdukas (4 050 m), Gore 2 (4 300 m), Concordia (4 600 m), camp de base (5 040 m).
Le camp 1 (5 900 m, situé au pied du Gasherbrum II) s'atteint par le franchissement de l'*Icefall* puis la traversée d'un long plateau. Le camp 2 (6 400 m) est situé sur le second plateau glaciaire au pied du couloir des Japonais qu'il faut remonter pour atteindre le camp 3 (7 080 m) installé sur un éperon permettant de poser quelques petites tentes. *Summit push* en remontant les pentes sommitales soutenues.

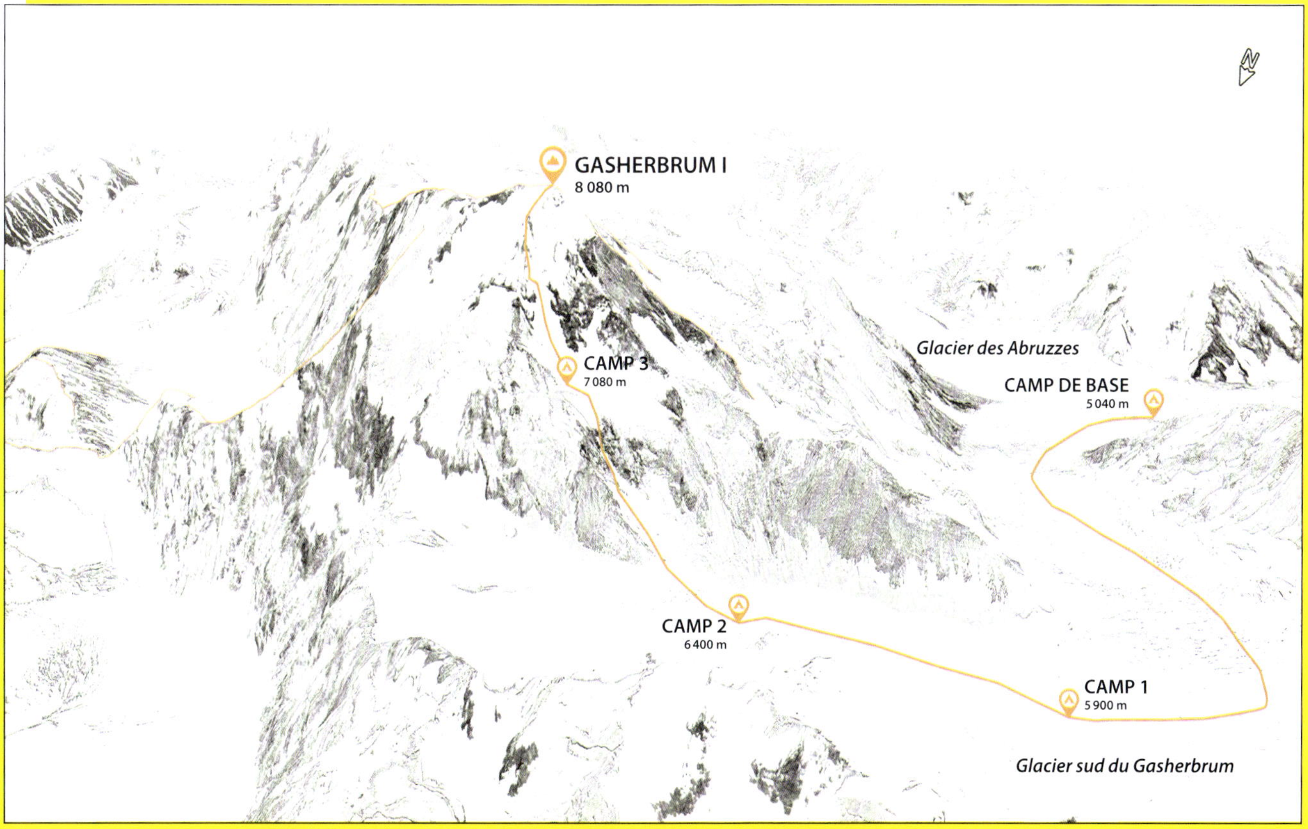

Ci-dessus : Sophie Lavaud au sommet du Gasherbrum I, le 12 juillet 2019.

Ne surtout pas prendre le risque d'une arrivée tardive au sommet et d'un bivouac improvisé en très haute altitude. Attendre... Savoir attendre... Faire pipi puis somnoler à nouveau. Le soleil émerge enfin, et la température grimpe instantanément. Trop bon ! Les heures de la matinée s'égrènent doucement. Shootés par l'hypoxie, on se contente de l'essentiel : le repos, tenter de s'alimenter, s'occuper à nouveau du réchaud et emmagasiner le peu de chaleur que les rayons distillent. Parfois, l'un de nous parle du sommet. Jamais trop. Ne pas se mettre la pression, ne pas s'angoisser sur le proche avenir. Cloisonner, rester focus. Petit point météo. Yan, mon météorologue basé à Chamonix, m'envoie par SMS ses dernières prévisions : vent, température, évolution générale. Cette fois, tout est bon. Tout est conforme. Le froid m'inquiète malgré tout. Le froid est toujours inquiétant. »

SUMMIT PUSH

« Il faut deux heures pour se préparer. Chacun sait ce qu'il doit faire. Ne rien oublier, surtout ne rien oublier... Un oubli peut être fatal. Enfiler les chaussettes. D'abord, les chauffantes avec mini-batteries incorporées que j'allumerai dans la nuit aux heures les plus froides, puis la paire en laine épaisse. Enfiler ensuite les chaussons thermiques sans les serrer trop pour ne surtout pas entraver la circulation sanguine et se préserver des gelures. J'ai l'obsession des gelures. Réajuster les deux gros collants, superposer les vestes, puis enfin refermer la combinaison de duvet. Tout cela est exténuant, coupe le souffle, donne la gerbe, tire des soupirs. Et maintenant, mettre les grosses chaussures. Mais quel effort ! Assis et engoncé dans la tente, l'exercice demande vingt minutes. Dix minutes par pied. C'est bien, je suis lucide, je sais encore compter.

Tour de cou, bonnet, capuches, lampe frontale, lunettes, sous gants, gants. Quelques graines et fruits secs sont glissés dans les poches, une petite gourde-bouillotte remplie de thé est coincée contre le corps. La bouteille isotherme est calée dans le sac à dos avec les grosses moufles d'altitude et la corde de sécurité. La préparation est minutieuse avec des gestes répétés des dizaines de fois.

Sangay sort le premier. Il fait déjà sombre. C'est le début de notre nuit du sommet. Reste à boucler le harnais, positionner les mousquetons de sécurité, récupérer le piolet, fixer les crampons. Ne pas perdre de temps, ne pas se refroidir, ne pas se geler les doigts... Ultime *manip* avant le départ, la bouteille d'oxygène est placée dans le sac à dos avec le masque et le régulateur. Et puis s'élancer. Doucement et avec détermination.

Mais au fait, où va-t-on ? Sur la Lune ? Non, à la quête d'un 8000, à la quête de mon dixième 8000. »

LE CARNET DE SOPHIE

11

Putain de brouillard

Il y a trois choses dont j'ai vraiment peur en Himalaya : les avalanches, les crevasses et le brouillard.
Au K2, en 2016, une énorme avalanche a balayé notre camp 3 en emportant le matériel entreposé pour le sommet. Le souffle de la coulée a chahuté nos tentes du camp 1, mais nous a épargnés. Si nous n'avions pas été retardés par le mauvais temps, nous aurions été irrémédiablement propulsés dans le vide.
C'est l'aspect sournois des crevasses qui me terrifie. Le glacier qui mène au camp 1 du Gasherbrum I est truffé de trous gigantesques. Sa beauté fascine autant que sa dangerosité répulse. L'*Icefall* franchi, le glacier se couche sur 15 kilomètres à parcourir. Une surface peu pentue et facile techniquement. À peine engagée sur le replat, la neige cède sous mes pieds, laissant apercevoir un gouffre gigantesque. La corde tendue me sauve la vie.
Ce 12 juillet 2019, nous sommes une dizaine à tenter le sommet du Gasherbrum I. Sanu Sherpa accompagne un client chinois. Il constitue un sérieux atout puisqu'il a déjà atteint le sommet. Sanu connaît cet itinéraire complexe et peu équipé de cordes fixes. Nous avons rassemblé nos cordes individuelles pour sécuriser le mur sommital verglacé.
Sommet – photos – vidéos. Avec Sangay, nous sommes les premiers à entamer la descente. Le vent a déjà effacé la trace. Après une partie rocheuse, à l'itinéraire évident dans notre souvenir, nous basculons dans le grand couloir de gauche. La pente est raide, nous descendons à reculons. Voilà maintenant le brouillard qui nous nargue. Il monte et descend, ne nous laissant pas le temps de comprendre le terrain. Nous avons gravi la pente inférieure à la frontale, peu de repères ont marqué nos mémoires. La pente se raidit encore. Çà et là, il y a de gros rochers. Mais mon souvenir de la nuit dernière reste vague. Allons-nous dans la bonne direction ? Sanu est loin au-dessus avec son client chinois fort fatigué.
J'ai peur et m'arrête net. Mon cerveau a une lueur de lucidité. Mon GPS ! Je sais que j'ai enregistré le point GPS du camp 3. Je me cale, retire mon sac à dos, trouve mes lunettes de vue, retire mes grosses moufles pour manipuler la petite machine salutaire. Stupeur, la flèche indique la direction du camp à l'horizontale sur la gauche ! Ce qui veut dire que nous ne nous sommes pas engagés dans le bon couloir. Impossible de couper, il faut remonter ! Sangay n'y croit pas. Il veut continuer la descente. Difficile de communiquer à ces altitudes, et la fatigue altère nos capacités. Une force cachée m'aide à remonter la pente. La corde se tend et Sangay finit par suivre.
Le brouillard se déchire à notre arrivée à un petit col. J'aperçois un trait noir dans la pente. De loin, cela ressemble à un bâton. Face à la paroi, nous remontons lentement en frappant les pointes de nos crampons. C'est un morceau de corde fixe qui n'a pas été enseveli sur un petit mètre salvateur !
Quelques mois plus tard à Katmandou, autour d'une tasse de café, Sangay me dit simplement : « Au fait, au Gasherbrum I, tu nous as sauvé la vie ! Merci didi. *Fucking fog!* »
Sommet atteint le 12 juillet 2019.

BROAD PEAK

NE LAISSER QUE LA TRACE DE SES PAS

Deux porteurs remontent le glacier du Baltoro dominé par les spectaculaires tours de Trango.

12

BROAD PEAK/FALCHEN KANGRI
PIC LARGE

Altitude : 8 051 mètres
Pays : Pakistan/Chine
Première ascension : 9 juin 1957 par les Autrichiens Kurt Diemberger, Hermann Buhl, Markus Schmuck et Fritz Wintersteller.

8000

« Nous mettons trop de pression sur la montagne, nous devons lui donner un peu de répit. »

DEEPAK BIKRAM MISHRA, AVOCAT NÉPALAIS, 2024

« LA PLUS HAUTE DÉCHARGE DU MONDE », « EMBOUTEILLAGE AU SOMMET »... CHAQUE SAISON, LES MARRONNIERS DES JOURNALISTES POINTENT LES EXCÈS DE L'EVEREST RELAYÉS PAR LES RÉSEAUX SOCIAUX. MAIS L'HIMALAYA EST VASTE, ET LE MONDE DES 8000 NE PEUT SE RÉSUMER AU SEUL SOMMET CONNU DU GRAND PUBLIC. LA RÉALITÉ EST PLUS COMPLEXE, ET ON NE PEUT IGNORER LA PRISE DE CONSCIENCE ENVIRONNEMENTALE ET LES ACTIONS D'UNE NOUVELLE GÉNÉRATION ENGAGÉE.

À droite : Opération de nettoyage d'un camp militaire sur le haut Baltoro, zone de tension entre le Pakistan et la Chine.

12 BROAD PEAK
NE LAISSER QUE LA TRACE DE SES PAS

File d'attente dans les pentes verglacées, déchets jonchant des camps d'altitude... En miroir des récits porteurs d'imaginaire circulent désormais photos et vidéos témoignant des sombres à-côtés des plus hautes montagnes. C'est qu'en Himalaya, l'histoire s'est considérablement accélérée. Sur les 8000 fréquentés jusqu'alors par de rares amateurs éclairés, l'ère de la popularisation des expéditions internationales semble prendre le pas sur les classiques expéditions guidées. Une réalité amplifiée par l'effet loupe des communicants qui se mettent en scène sur les pentes de l'Everest.
En réponse à l'engouement récent pour la très haute altitude, une offre d'opérateurs émergents s'est structurée. Les agences népalaises en particulier, jusqu'alors sous-traitantes des tours-opérateurs occidentaux, captent désormais directement la clientèle occidentale, mais également asiatique. Elles ont su marketer la promesse du frisson du risque avec l'assurance de la réussite. Dans un vocabulaire renouvelé, la notion d'« aventure », inhérente à la pratique de la montagne, est devenue « expérience ». Les éléments fondateurs de l'alpinisme occidental (autonomie, gestion du risque, plaisir de l'incertitude) sont balayés plus ou moins consciemment par une nouvelle règle de trois : cordes fixes/oxygène/sherpas d'altitude.

L'EVEREST N'EST PAS L'HIMALAYA

Il est nécessaire de lever une ambiguïté géographique. Pour le grand public et nombre de journalistes persiste la confusion entre le sommet de l'Everest lui-même, situé à la frontière népalo-tibétaine, et la chaîne de l'Himalaya qui s'étend sur 2 400 kilomètres de long. Cet amalgame laisse à penser que ce qui se passe sur l'ensemble des montagnes himalayennes serait à l'image des débordements vus à l'Everest. Or, sur 662 autorisations accordées sur les 8000 népalais au printemps 2024 par exemple, 518 concernaient le seul duo Everest-Lhotse. Soit presque 80 % des expéditions concentrées sur un seul et même camp de base ! Les 144 *members* restants se répartissent donc sur les cinq autres 8000 népalais. Soit moins de 30 clients par montagne ! Nous sommes loin d'un embouteillage généralisé.

NETTOYAGE À TOUS LES ÉTAGES

Les premières générations d'himalayistes ne s'embarrassaient pas de considérations écologiques. Elles s'inquiétaient peu des équipements abandonnés sur la montagne. Ce n'est que bien plus tard que des expéditions de « nettoyage » ont vu le jour sous l'égide d'associations environnementales cherchant à répondre au développement des expéditions commerciales. Dans un troisième temps, des initiatives individuelles mâtinant leurs projets alpinistiques d'arguments écoresponsables ont financé leurs expéditions avec des opérations de nettoyage. Dans la même veine, des grimpeurs couronnés de l'aura des quatorze 8000 ont mis à profit leur notoriété fraîchement acquise pour lever des fonds et organiser des tournées de décrassage. Des stars comme le Népalais Nims Daï ou la Norvégienne Kristin Harila célèbrent écologiquement leurs réussites en entremêlant actions sur le terrain, messages d'éducation et communication. Le petit air de

Ci-dessus : Vu depuis les pentes du K2, le magnifique Broad Peak impose son architecture puissante au cœur du Baltoro et son interminable arête sommitale.

Le Broad Peak en 10 dates

1892

Reconnaissance par le Britannique William Martin Conway qui nomme la montagne par similitude avec la forme du Breithorn des Alpes suisses.

1957

Première ascension le 9 juin par les Autrichiens Kurt Diemberger, Hermann Buhl, Markus Schmuck et Fritz Wintersteller, sans porteurs ni oxygène. Hermann Buhl devient le premier homme à avoir gravi deux 8000. Il disparaîtra 18 jours plus tard en tentant l'ascension d'un sommet voisin, le Chogolisa.

1982

L'Italien Reinold Messner atteint son troisième 8000 en un an seulement.

1983

Première ascension féminine le 30 juin par les Polonaises Anna Czerwinska et Krystyna Palmowska, sans porteurs ni oxygène. Le même jour, sommet également pour les Suisses Erhard Loretan et Marcel Rüedi.

1984

Première ascension d'un 8000 en moins de 24 heures par le Polonais Krysztof Wielicki. Les « petits » 8000 du Baltoro deviennent un terrain d'expérimentation de nouvelles formes d'himalayisme.

1984 BIS

Le 17 juillet, les Polonais Jerzy Kukuczka et Wojciech Kurtyka traversent intégralement la montagne par ses trois sommets.

2008

Élisabeth Revol réalise le triplé exceptionnel Broad Peak - Gasherbrum II - Gasherbrum I en solitaire, sans oxygène et en 16 jours seulement. Le Broad Peak lui sera finalement discuté pour s'être arrêtée à l'antécime rocheuse.

2013

Première ascension hivernale le 5 mars 2013 par les Polonais Maciej Berbeka, Adam Bielecki, Tomasz Kowalski et Artur Malek. Maciej Berbeka et Tomasz Kowalski disparaissent lors de la descente.

2015

Descente à ski par le Polonais Andrzej Bargiel.

2016

Survol du sommet en parapente le 23 juillet 2016 par le Français Antoine Girard. Il atteint l'altitude de 8 157 mètres, une première mondiale.

Ci-dessus : La voie d'ascension classique du Broad Peak par son éperon ouest puis l'arête nord du triangle sommital.

greenwashing émanant de ces opérations médiatisées renforce paradoxalement l'image d'une montagne abandonnée à une marchandisation dont ils sont les premiers bénéficiaires. Au risque d'ignorer et de mépriser la prise de conscience et les efforts des acteurs locaux.

RÈGLES NÉPALAISES

Les administrations ont d'abord cherché à réguler la prise en charge des déchets par incitation financière. Un *deposit* est restitué après pesage des poubelles redescendues. Depuis le printemps 2024, et pour certains sommets, le gouvernement met à disposition des *poo bags* – sacs à déjections – que les clients/sherpas doivent redescendre des camps d'altitude.
Un peu plus bas dans la vallée, les déchets biodégradables sont enterrés et le reste redescendu plus bas encore. C'est paradoxalement sur les montagnes les plus fréquentées que le problème s'est régulé en premier. Par exemple, le travail récurrent chaque saison des *fixing teams* a permis un nettoyage des vieilles cordes au moment de l'installation de la nouvelle ligne de vie. Depuis quatre ans maintenant, l'armée népalaise déploie une équipe d'une quinzaine de militaires dédiée au nettoyage des montagnes. Un focus a été mis dans un premier temps sur l'évacuation des corps abandonnés (!).
Les bouteilles d'oxygène, bien souvent délaissées par nos aînés, sont aujourd'hui systématiquement redescendues. Elles ont une valeur incitative d'autant plus forte qu'elles sont maintenant réutilisables et re-remplies pour les expéditions ultérieures.

LE BALTORO PAKISTANAIS

Réputé pour ses treks comme pour ses sommets, le grand système glaciaire du Baltoro a souffert des affres d'une fréquentation alimentée par la fascination de l'emblématique K2. Le Broad Peak, petit frère du K2, accueille quant à lui peu d'expéditions par saison, et Sophie témoigne n'avoir vu aucune tente ni corde fixe laissées à l'abandon sur les camps d'altitude. Encore une fois, un cas de figure ne vaut pas une généralité : le K2 ne doit pas ternir l'image des Gasherbrum et du Broad Peak voisins.
Par ailleurs, *Keep Baltoro clean*, comme le requièrent de grandes banderoles à l'entrée du glacier, est une priorité des autorités locales. Une taxe par grimpeur ou trekkeur est dorénavant instaurée (différenciée du prix du permis d'ascension qui revient à l'État central) pour alimenter un fonds permettant de rémunérer porteurs et muletiers employés en intersaison

À droite : 18 h. Départ pour le sommet depuis le camp 3 (7 000 m). Au fond, la ramification glaciaire de Concordia et la pyramide caractéristique du Masherbrum (7 821 m) qui pointe dans le ciel.

Broad Peak

ÉPERON OUEST PUIS ARÊTE NORD, ITINÉRAIRE DE LA PREMIÈRE ASCENSION

Vol d'Islamabad à Skardu (ou deux jours de route via la *Karakoram Highway*). Une journée de Jeep pour atteindre le hameau de Askole (3 040 m), puis longue remontée du Baltoro en sept jours de marche : Jola (3 200 m), Paiju (3 400 m), Urdukas (4 050 m), Gore 2 (4 300 m), Concordia (4 600 m), glacier Godwin-Austen jusqu'au camp de base (4 850 m) situé en rive gauche. Ascension soutenue sur toute la face de la montagne avec un éperon étroit qui permet d'installer quelques tentes pour le camp 1 (5 670 m) puis le camp 2 (6 160 m). Le camp 3 (7 000 m) est en pleine pente avant la grande traversée qui mène au col. *Summit push* en remontant pour prendre pied sur la longue arête sommitale.

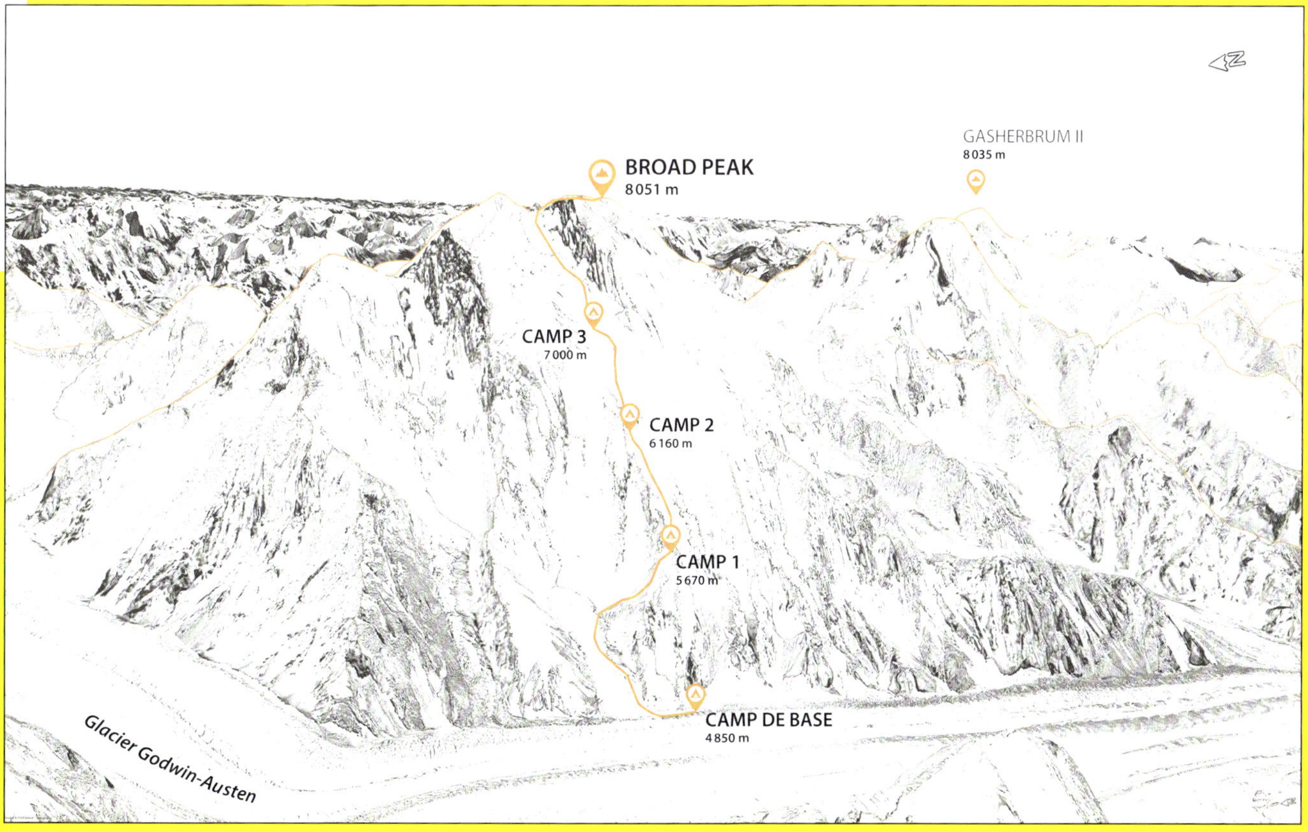

Ci-dessus : Pensant arriver au sommet, Sophie Lavaud découvre la longue arête sommitale qu'il faut encore parcourir et aperçoit au loin les deux guides du groupe.

au nettoyage des glaciers et des camps de base. L'utilisation même des mules est en débat pour minimiser les déchets organiques sur les moraines. Les groupes électrogènes alimentant les camps de base sont dorénavant interdits. Des tours-opérateurs se sont investis à leur tour pour la préservation environnementale des 8000 et la sensibilisation de leurs équipes. Une discipline collective est dorénavant instillée et ambitionne un déblaiement total des camps de base et le nettoyage des camps d'altitude. *Work in progress*.

DEMAIN

À l'époque de la juste réappropriation du *business* des 8000 par les acteurs locaux (décolonisation de l'himalayisme), de vifs débats animent l'obligatoire régulation d'un marché jusqu'alors en roue libre. Il s'agit davantage d'une problématique politico-économique que d'une simple discussion alpinistique.
La limitation du transport par hélicoptère est devenue une urgence dans certaines vallées, et questionne la tendance qui consiste à rejoindre les camps de base par les airs. Une attention particulière est portée à la question des excréments, avec leur évacuation de plus en plus systématique dans des bidons depuis les camps de base. La gestion draconienne des déchets commence à porter ses fruits : tout le matériel transporté dans les camps d'altitude devra dorénavant faire l'objet d'un inventaire strict avec l'obligation pour tous les opérateurs d'expéditions de redescendre l'équipement et les déchets, « y compris les éventuels corps d'alpinistes décédés dans leur équipe ».
Pas de progrès écologique sans justice sociale. La répartition des bénéfices de l'himalayisme, la concentration du *business* dans quelques mains et la préservation d'écosystèmes exceptionnels sont bien évidemment des choix politiques que peuvent influencer nos choix individuels. Y compris dans l'art de gravir les montagnes.

Seule dans la nuit

Après l'échec sur le K2 l'année précédente, je ne trouve pas l'équipe me permettant de repartir sur cette montagne. Faute de K2, je me rabats sur le Broad Peak, son voisin de glacier. Les deux montagnes se font face, et le camp de base est souvent commun en rive droite du glacier Godwin-Austen. Nima Sherpa, qui m'accompagnait lors des précédentes expéditions, est tombé dans l'alcool suite au départ de sa femme. Il refuse de m'accompagner au Pakistan, pays musulman qui le priverait de ses fioles de *rakshi*, *chhaang* et autre *tongba*. Pas de K2, pas de sherpa. L'été s'annonce compliqué.

Sur les pentes du Broad Peak, dès que je me penche vers la gauche, le K2 apparaît, majestueux. Il semble me narguer et accentue ma frustration. Je vis ce Broad Peak comme une faute de parcours.

Fida Ali, un jeune Pakistanais sans expérience qui fait partie de notre expédition guidée, se propose de travailler avec moi. Le jour du *summit push*, l'équipe de tête quitte le camp 3 vers 15 h pour équiper la partie sommitale de la montagne. Nous décidons de lui emboîter le pas quelques heures plus tard. La nuit tombe et, rapidement, je me retrouve seule. Pas même la lueur d'une lampe frontale visible au loin. Fida Ali, qui porte la bouteille d'oxygène prévue dans ma logistique, devrait vite me rattraper.

22 h, minuit, 2 h... Je franchis un mur de glace, l'effort est intense, j'ai besoin d'une pause. Quelques gorgées de thé... et je vomis instantanément. Le corps est en souffrance, l'hypoxie s'accentue dangereusement.

Il faut que je récupère. Assise face à la pente, je vois un faible halo de lumière se rapprocher. C'est le guide de notre expédition. Ça fait du bien de voir une tête connue. Il me dépasse. Bref échange. « *Hi Sophie, go go ahead, you are strong, you can do it.* »[1] Il continue sa route. Tu parles d'un réconfort ! C'est bien la peine d'avoir un guide de haute montagne dans l'équipe...

Je n'aime pas être seule, mais je me rassure : Fida Ali va bientôt arriver.

Premières lueurs, le froid est intense, mais le moral remonte avec l'apparition du soleil. J'arrive sous le col. Dans le raide goulet, les trois sherpas de l'équipe de tête sont en train de redescendre. « *We are going down, too cold, no summit.* » [2]

Ne pas se décourager. Au col, la beauté de la lumière est saisissante. Il me semble que le sommet est là, tout près. J'attends Fida Ali. J'ai froid mais je suis bien, et la météo est parfaite. Torpeur d'altitude ou réalité ? Dans mes pensées embrouillées par l'hypoxie, une question revient en boucle : mais pourquoi le guide qui est devant moi n'est toujours pas redescendu alors que le sommet semble si proche ?

Les heures sont confuses. Fida Ali arrive enfin ! « *Sorry, sorry...* » Nous décidons de laisser la bouteille d'oxygène au col, et nous repartons. La rimaye et le premier mur sont franchis. Fin de la corde fixe, juste une trace dans la neige. Encore quelques mètres... et c'est le choc : ce n'est pas le sommet ! Seulement l'arête qui s'étire à l'infini. Et très loin, là-bas, la cime sur laquelle nous apercevons deux petits points : les deux guides, bien peu préoccupés d'encadrer les membres de leurs expéditions.

Let's go! Piolet en main, nous entamons cette fine échine sans nous encorder... puisque nous n'avons pas de corde ! Une vraie leçon que je retiendrai pour les expéditions suivantes : dorénavant, j'aurais toujours un bout de corde dans mon sac. Je connaissais l'existence de cette arête, mais je n'avais pas imaginé qu'elle serait aussi longue et engagée. Au moindre déséquilibre, c'est la chute fatale. Tout est plus grand, plus pénible, plus éprouvant à 8 000 mètres.

Nous croisons les deux guides qui redescendent. « *Go, go, continue! You are very close to the summit!* »[3] Nous atteignons à notre tour le sommet et sa tige de bambou plantée comme marqueur. Fida Ali est heureux, c'est son premier 8000. Il répète en boucle « *Me, Soufi, very lucky!* » À genoux sur l'arête, brandissant le drapeau pakistanais, il récite sa prière à Allah.

Le Broad Peak reste finalement dans ma mémoire comme l'un de mes plus beaux succès en Himalaya.

Sommet atteint le 11 juillet 2017.

[1] « Sophie, vas-y, tu es forte, tu peux le faire. »
[2] « On redescend, trop froid, pas de sommet. »
[3] « Vas-y, tu es tout près du sommet ! »

GASHERBRUM II
ET SI L'ON S'OFFRAIT UN 8000 ?

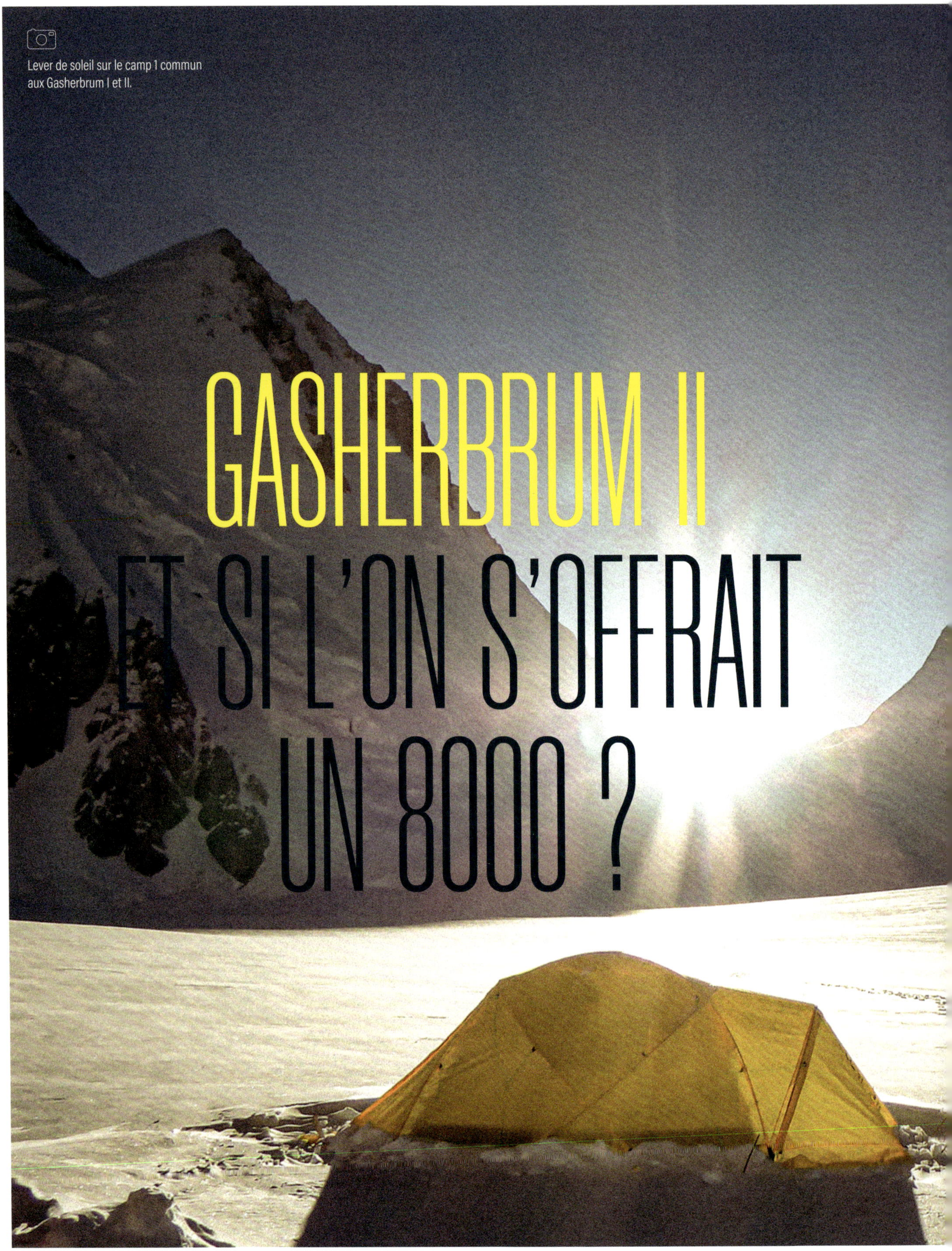

Lever de soleil sur le camp 1 commun aux Gasherbrum I et II.

13

GASHERBRUM II
BELLE MONTAGNE

Altitude : 8 035 mètres
Pays : Pakistan/Chine
Première ascension : 7 juillet 1956 par les Autrichiens Josef « Sepp » Larch, Fritz Moravec et Johann Willenpart.

8000

« Après avoir effectué quelques ascensions de sommets de plus de 7 000 mètres, l'Himalaya a fini par m'aspirer. Je me sentais prêt à monter vers 8 000 mètres d'altitude avec cette irrésistible motivation qui vous porte. J'ai jeté mon dévolu sur un sommet réputé facile. »

FRANCK TESSIER

POUSSÉS PAR LA SACRALITÉ DE LA HAUTE ALTITUDE, NOMBREUX SONT LES GRIMPEURS QUI RÊVENT DE SE RENDRE UN JOUR EN L'HIMALAYA. DÉSIR D'ABSOLU TEMPÉRÉ PAR L'INVESTISSEMENT NÉCESSAIRE (EN TEMPS ET EN ARGENT) ET LE POIDS D'UNE MYTHOLOGIE OSCILLANT ENTRE HÉROÏSME ET DRAMATURGIE. POURTANT, CHAQUE SAISON, ILS SONT DE PLUS EN PLUS NOMBREUX À TENTER DE METTRE LES POINTES DE LEURS CRAMPONS SUR L'UNE DES PLUS HAUTES MONTAGNES DE LA TERRE. SOMMET OU PAS, L'EXPÉRIENCE EST VÉCUE COMME L'ACMÉ DE LEUR PASSION ALPINE.

À droite : Départ depuis le camp de base pour remonter le glacier du Gasherbrum et ses pénitents de glace.

13

13 GASHERBRUM II
ET SI L'ON S'OFFRAIT UN 8000 ?

À droite : Tours et détours entre les crevasses du glacier tourmenté qui mène au camp 1 avec le magnifique Gasherbrum IV en toile de fond.

Sophie Lavaud n'avait pas prémédité de devenir himalayiste. Encore moins de gravir un 8000. Elle est de celles qui un jour se sont demandé si elles ne pourraient pas monter tout là-haut. « En 2012, j'avais un peu de temps devant moi et quelques sous de côté. J'aime la montagne, j'ai toujours aimé la montagne. Et le voyage. Alors, après l'ascension du mont Blanc et de nombreuses pérégrinations de plus en plus haut, jusqu'à un premier sommet à 7000 mètres, c'était logique que je vienne découvrir l'Himalaya. Gravir un 8000 est une sorte de Graal pour les alpinistes. Je suis allée chercher sur Internet et j'ai vu que des guides proposaient de telles ascensions. J'ai envoyé une demande, et à ma grande surprise j'ai été acceptée. C'est comme cela que tout a commencé. Avec légèreté et curiosité. » Elle ne le savait pas, mais Sophie possède les trois qualités d'un bon himalayiste. Elle est réfléchie, déterminée et patiente. Et elle a l'art de savoir être heureuse dans le monde si hostile de l'altitude. Elle ne se fait envahir ni par la pression du projet ni par la rusticité de la vie quotidienne aux camps. Elle possède cette abnégation nécessaire pour tenir à long terme dans un quotidien éreintant. Cette humeur égale qu'elle sait afficher donne une grande confiance à ses compagnons d'expédition et écarte les mauvaises questions, les mauvais sentiments. Intuitivement, elle sait jouer collectif tout en gardant intacte sa motivation personnelle. Chez Sophie, ce n'est pas une posture, c'est ce qu'elle est profondément. Il y a un grand alignement de sa personnalité. Entrée en toute innocence dans le monde des 8000, elle a su durer. Trois années seulement ont passé depuis qu'elle a décidé de gravir son premier 8000, et la voilà déjà sur le Gasherbrum II, son troisième, qu'elle gravit sans oxygène.

PARTIR À 8 000, LE CHOIX DU SOMMET

Directement l'Everest, ou un « petit 8000 » d'abord ? Officiellement, pas de départ pour la plus haute montagne de la Terre sans une expérience préalable sur un haut sommet de la chaîne himalayenne.
Le Gasherbrum II, justement ? Conquise sans difficulté dès sa première tentative, la magnifique montagne du Baltoro est probablement l'un des 8000 les plus accessibles. Le sommet

Le Gasherbrum II en 10 dates

1856

Premières observations des montagnes du Karakoram par le *Great Trigonometrical Survey of India*. Les sommets principaux sont baptisés dans l'ordre de leur altitude supposée. Le Gasherbrum II est ainsi nommé K4.

1956

Première ascension le 7 juillet par les Autrichiens Josef « Sepp » Larch, Fritz Moravec et Johann Willenpart, sans utilisation d'oxygène.

1975

Les Français Marc Batard et Yannick Seigneur réussissent la deuxième ascension en ouvrant une voie le long de l'arête sud.

1975 BIS

Le 1er août, les Polonais Leszek Cichy, Lanusz Onyszkiewicz et Krzysztof Zdzitowiecki ouvrent non seulement une nouvelle voie, mais traversent partiellement la montagne. Une réalisation qui annonce une autre forme d'himalayisme.

1975 TER

Première féminine par les Polonaises Anna Okopinska et Halina Krüger-Syrokomska.

1981

Alors qu'elle devait assurer une assistance au camp de base, la médecin Christine Janin accompagne finalement ses compagnons d'expédition Erich Beaud et Philippe Grenier et devient la première Française sur un 8000.

1984

Les Tyroliens Reinhold Messner et Hans Kammerlander enchaînent la traversée du Gasherbrum I et du Gasherbrum II. Messner toujours innovateur.

1984 BIS

Descente à ski par le Français Patrice Bournat et le Suisse Wim Pasquier.

1985

Le premier vol en parapente depuis un sommet de plus de 8 000 mètres est réalisé par Pierre Gevaux le 11 juillet, trois jours avant la première en deltaplane par Jean-Marc Boivin. La descente pour rejoindre le pied de la montagne a duré à peine plus de cinq minutes.

2011

Première ascension hivernale le 2 février par le Kazakh Denis Urubko, l'Italien Simone Moro et le cinéaste américain Cory Richards.

bénéficie d'un bon taux de réussite. Seulement, la réputation ambiguë du Pakistan et les soubresauts géopolitiques ne jouent pas en sa faveur.
Le Cho Oyu, réputé facile ? Par son exigence technique réduite et son approche rapide depuis les pistes, le sommet tibétain a connu engouement et faveurs de nombreux tours-opérateurs. Mais les humeurs des Chinois dans la gestion de la montagne ont toutefois rendu son accès aléatoire. Après avoir été en vogue, il se voit supplanté par les montagnes népalaises.
Le Manaslu, finalement ? Longtemps resté discret, c'est le sommet népalais qui a désormais la préférence des organisations commercialisant l'expérience d'un premier 8000. Démarches administratives simplifiées, situation politique stabilisée, itinéraire peu technique : le Manaslu a ses arguments. Plusieurs agences en ont même fait leur sommet de « baptême/entraînement » à l'automne en préparation d'un éventuel Everest au printemps suivant. Pour l'année 2023, c'est plus de 300 autorisations qui ont été délivrées avec un taux de réussite du sommet de 80 %.

COMMENT ÇA MARCHE ?

Toute expédition himalayenne s'organise par l'intermédiaire d'une agence locale qui se charge des démarches administratives, de la logistique et de l'infrastructure au camp de base. Elle s'occupe également de la préparation de l'itinéraire et de l'accompagnement sur la montagne.
Sur les sommets les plus fréquentés, la *fixing team* mutualisée par les différentes expéditions est dédiée au traçage et

À gauche : Le Gasherbrum II avec son triangle sommital caractéristique qu'il faut contourner pour aller chercher une dernière pente avant l'arête finale.
À droite : L'esthétique progression sur l'arête sud-ouest.

Gasherbrum II

ARÊTE SUD-OUEST ET ARÊTE EST

Vol d'Islamabad à Skardu (ou deux jours de route via la *Karakoram Highway*). Une journée de Jeep pour atteindre le hameau d'Askole (3 040 m), puis longue remontée du Baltoro en sept jours de marche : Jola (3 200 m), Paiju (3 400 m), Urdukas (4 050 m), Gore 2 (4 300 m), Concordia (4 600 m), camp de base (5 040 m). Le camp 1 (5 900 m) s'atteint par le franchissement de la barre de séracs puis la traversée d'un long plateau. Le camp 2 (6 400 m) est situé au sommet de l'esthétique *Banana Ridge*. Le camp 3 (7 300 m) et l'éventuel camp 4 sont montés au pied de la pyramide sommitale. *Summit push* avec une longue traversée pour contourner la pyramide et atteindre le sommet par l'arête est.

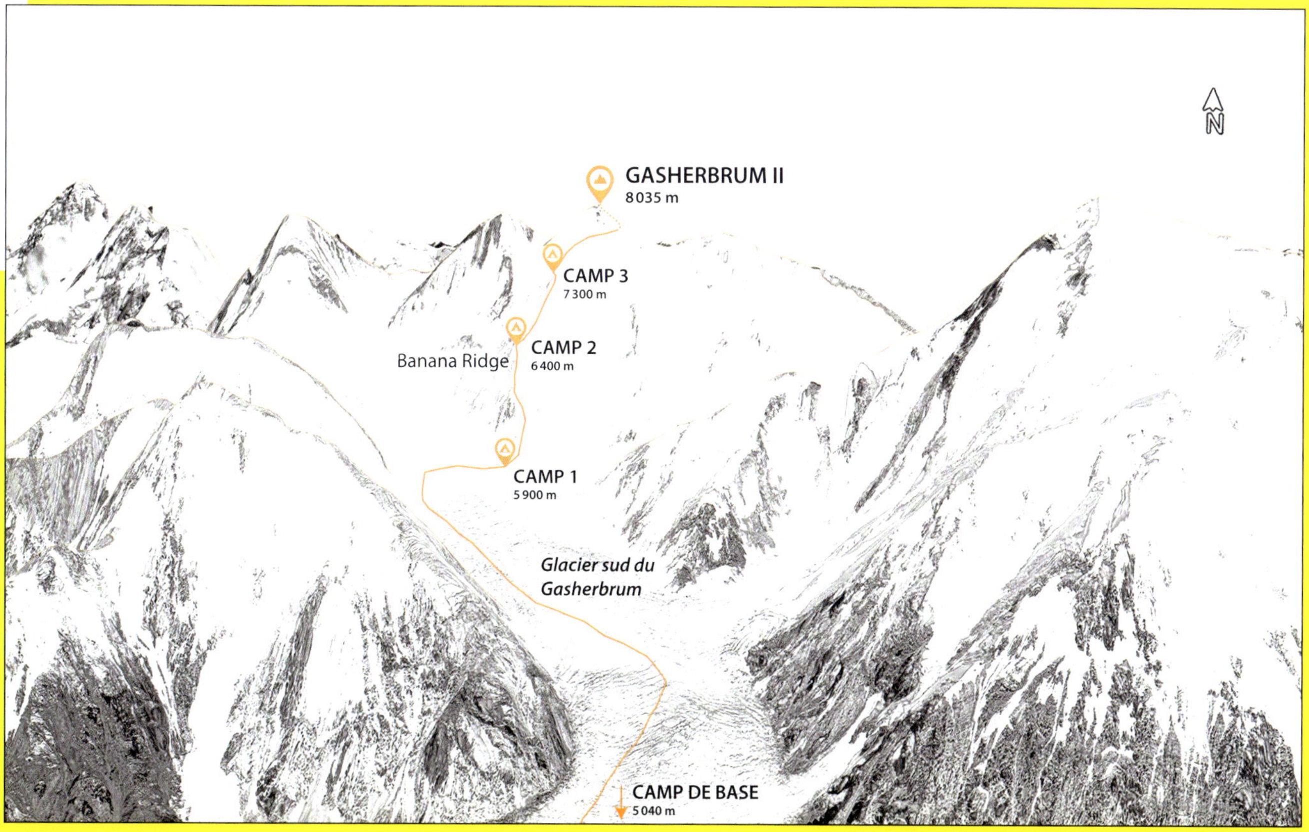

Ci-dessus : À la sortie du col sous le grand triangle rocheux caractéristique du Gasherbrum II.

à la sécurisation de l'itinéraire. Puis l'équipe de sherpas, accompagnée de leurs *members*, installe les camps d'altitude au gré des rotations d'acclimatation. Le jour du *summit push*, chaque binôme *member-sherpa* monte à son rythme, réservant l'usage de l'oxygène aux derniers efforts au-dessus de 7 500 mètres.

LES AGENCES

Si les guides occidentaux ont historiquement créé puis monopolisé le marché de l'himalayisme, ils se sont toujours appuyés sur des prestataires locaux. Les structures népalaises ou pakistanaises sont d'indispensables rouages pour faciliter le travail administratif, recruter les équipes locales (porteurs, sherpas, cuisiniers), organiser l'approche puis le labeur sur la montagne. S'affranchissant peu à peu de leurs commanditaires, les agences népalaises (principalement) ont construit une relation directe avec la clientèle internationale jusqu'à supplanter les opérateurs historiques. Deux outils efficaces leur ont permis d'accéder au marché mondialisé : Internet et le *dumping*. La toile a offert soudainement une vitrine visible de tous et facilité les relations directes avec la clientèle. La suppression d'un intermédiaire a permis d'amorcer la pompe commerciale avec des propositions tarifaires alléchantes avant de monter en gamme. En une décennie, le marché s'est alors complètement inversé avec l'émergence d'une nouvelle génération d'entrepreneurs s'appuyant sur leurs performances en haute altitude. Sophie Lavaud a vécu et observé de près ce basculement radical de sous-traitant à maître d'œuvre : « Les Népalais n'affichent pas une volonté de mettre les agences occidentales dehors, mais leur expérience et leur autonomie permettent de s'en affranchir. » Hormis quelques tours-opérateurs russes, américains ou germaniques, une poignée d'agences népalaises dominent aujourd'hui le marché des expéditions aussi bien au Népal qu'au Tibet et au Pakistan.

LE CARNET DE SOPHIE

Un pendule à 8 000

Cet été 2015 est torride. Entre chaque camp, nous progressons uniquement la nuit pour bénéficier d'un peu de regel. Je me sens en forme. Cette beauté environnante me donne des ailes. Nima, présent à mes côtés dès mes premières expéditions, est là.
Je suis en confiance. L'ambiance est joyeuse et la progression sans soucis. Les rotations d'acclimatation sont terminées et il y a peu de monde sur la montagne. Dorjee et Muhammad, en alternance avec Peter, font la trace toute la nuit le long de l'immense triangle rocheux, signe distinctif du sommet du Gasherbrum II.
16 juillet 2015. Au col, une longue pause nous permet d'admirer le lever du jour sur des montagnes à perte de vue. Peter, malade, et Dorjee, épuisé, abandonnent. Le guide qui flanche, ce n'est pas bon signe ! Nima me montre le sommet. « *You feel good! No need oxygen!* »[1] Il ne semble pas si loin en effet, mais nous ne sommes qu'à 7600 mètres d'altitude !
Nous nous relayons pour tracer. Une heure, deux heures, cinq heures. Le sommet me semble toujours aussi loin. L'hypoxie commence à faire son effet. Je compte dans ma tête pour tenter de garder un rythme : 1, 2, 3, 4, 5, un pas. 1, 2, 3, 4, 5, un autre pas. Je me surprends à compter parfois jusqu'à dix sans avoir été capable de bouger ! Dix secondes par pas, le rythme des 8000.
Au pied du mur sommital, Muhammad décide de fixer une corde pour sécuriser cette partie raide. Nima l'assiste et me propose en attendant de m'asseoir pour récupérer. Mon instinct me dicte de ne pas céder à la tentation. Je crains de m'endormir. Finalement, je me clippe sur la corde – sécurité purement psychologique car elle n'est pas fixée – et j'emboîte le pas à notre ouvreur. Nous sommes accueillis sur l'arête par un vent violent qui nous glace instantanément. Muhammad m'attrape par la main et lance : « *Come! Let's go summit!* »[2]
Nous voilà déstabilisés par les rafales, sans assurage, à 8000 sur une arête : mais où sont les règles de base de sécurité acquises dans les Alpes ? Faute à l'hypoxie ? Le manque d'oxygène a bon dos ! Au sommet, une rapide accolade, un *selfie*, et Muhammad fixe une broche à glace pour enfin attacher l'extrémité de la corde. J'oublie que la corde n'est fixée que d'un bout, et voulant me protéger un peu du vent, je me mets en tension sur la corde reliée à mon descendeur. Avant que Muhammad n'ait le temps de réagir, je me jette en arrière dans la pente. « *Nooooo!* » Trop tard. Je chute en un énorme mouvement de pendule. Je me retrouve au pied du mur. Le temps de prendre conscience de mon erreur, et je me dépatouille dans la neige molle. Rien de cassé. Nima affiche un sourire moqueur.
Ce n'est pas à 8000 qu'on est le plus malin.
Sommet atteint le 16 juillet 2015.

[1] « Tu as l'air bien ! Pas besoin d'oxygène ! »
[2] « Viens ! Allons au sommet ! »

SHISHA PANGMA
LA RENCONTRE

Summit push dans la grande traversée de la face nord du Shisha Pangma, sommet isolé au cœur des hauts plateaux désertiques du Tibet.

SHISHA PANGMA
CRÊTE QUI DOMINE LES PLAINES FERTILES
GOSAINTHAN
LE SIÈGE DES SAINTS

Altitude : 8 027 mètres
Pays : Chine
Première ascension : 2 mai 1964 par dix membres d'une expédition chinoise menée par Xu Jing.

8000

« Très peu pour moi ! La montagne, comme paysage, ça ne me dérange pas trop... Mais s'obstiner à grimper sur des tas de cailloux, ça, ça me dépasse ! D'autant plus qu'il faut toujours finir par redescendre. Alors, à quoi ça sert, je vous le demande... »

CAPITAINE HADDOCK

C'EST SUR LES PENTES DU SHISHA PANGMA QUE J'AI RENCONTRÉ SOPHIE LAVAUD. AU PRINTEMPS 2012. HIER. IL Y A SI LONGTEMPS DÉJÀ. AU CAMP DE BASE, AUTOUR D'UN THÉ, NOUS ABRITANT D'UN VENT TEMPÉTUEUX INCESSANT, NOUS LAISSIONS FILER LES HEURES EN ESPÉRANT L'AMÉLIORATION DE LA MÉTÉO.

À droite : Le *base camp parking* battu par les vents. Le matériel sera transporté jusqu'aux abords du glacier du Shisha Pangma, 18 kilomètres plus loin, à dos de yacks.

14 SHISHA PANGMA LA RENCONTRE

À gauche : L'affiche du film *Le dernier sommet* tourné au Nanga Parbat et retraçant le périple des quatorze 8000 de Sophie Lavaud.

Alors que je guidais deux clients, Sophie découvrait le monde de la haute altitude au sein d'une expédition suisse. En bons francophones, nous nous rendions visite les jours d'inactivité. On dit que le Shisha Pangma, benjamin des quatorze 8000, est idéal pour une première expérience tout là-haut. Mais l'ascension sera plus éprouvante que prévu. Malgré un mois d'effort, mon expédition, repoussée par la tempête, ne parviendra pas au sommet.

Sophie – elle – réussira non seulement le sommet central du Shisha Pangma, mais également celui du 8000 voisin, le Cho Oyu, quatorze jours plus tard.

La réussite de Sophie interpellait ma pratique de l'himalayisme. Elle bousculait mes codes, interrogeait mon organisation.

La radicalité de mes choix stratégiques, dictés par l'exigence culturelle de mon milieu alpinistique, volait en éclats. Notre intransigeance sur les moyens de notre petite expédition (camp de base spartiate, pas d'aide au portage, progression en *single push*) s'était fracassée sur la réalité de la montagne. Le froid polaire, le vent constant et la météo capricieuse avaient usé nos corps et nos psychismes. Lorsque l'un de mes clients, en hypothermie dans notre minuscule tente d'altitude, me montra ses mains de chirurgien devenues blanches et insensibles, je sonnais la retraite. Nous avions à peine atteint 7 000 mètres d'altitude. La tentative d'une ascension dépouillée avait été intense et instructive, mais la frustration du non-sommet nous habitait malgré tout.

Je rentrais avec une certitude : Sophie allait grimper haut. Très haut. Ce n'était pas encore si courant d'enchaîner des 8000 dès une première expédition, et j'avais trouvé sa personnalité très « alignée ». La candeur de sa méconnaissance d'alors de la culture des plus hauts sommets himalayens lui garantissait une fraîcheur de jugement et une simplicité de comportement. Puisqu'elle avait réussi ses premiers 8000 sans ambages, c'était évident qu'elle tenterait de gravir l'Everest.

ON VA MARCHER SUR L'EVEREST

Malgré ses premières dénégations, Sophie m'annonçait bientôt qu'elle envisageait de tenter d'atteindre le Toit du monde par sa face tibétaine au printemps 2014. Comme un réveil de mon propre désir d'absolu, je lui proposais de mettre mes pas dans les siens, caméra à l'épaule. Non pas comme guide, coach ou je ne sais quel reporter-communicant, mais bien comme cinéaste libre de mon regard. Je n'imaginais pas que ma proposition m'emmènerait si loin et pour si longtemps. Vécue avec sérendipité, je profitais de l'expérience Everest pour chercher à me débarrasser de mes préjugés. Je sautais à pieds joints dans le chaudron : expédition commerciale, oxygène, Tibet. Leçon d'équilibriste pour témoigner sans condescendance ni moralisation. Et si je ne devais garder qu'une seule image du film *On va marcher sur l'Everest*, si je ne devais retenir qu'une émotion, j'évoquerais à nouveau cette aube si colorée illuminant soudain les pentes sommitales. Une fulgurance esthétique imprimée à jamais dans le moindre de mes neurones. Comment pouvais-je imaginer dans mes rêves les plus fous de gamin de la plaine qu'un jour je filmerais le lever de soleil depuis la plus haute montagne de la Terre ? Cette aventure scella une indéfectible amitié d'altitude avec Sophie.

K2 - UNE JOURNÉE PARTICULIÈRE

Gasherbrum II à l'été 2015, Makalu au printemps 2016. Quand Sophie annonça qu'elle partait pour le redoutable K2, je vis s'allumer la guirlande *Quatorze 8000*. Mais au pied de la redoutable montagne pakistanaise, elle ne lâcha rien à ma caméra pour ce nouveau film. Cloisonnée et concentrée sur ses efforts, elle n'exprima ni ses craintes, ni ses sentiments ou ses interrogations de légitimité. J'insistais. Je ne comprendrais que bien plus tard que le challenge était pour elle si énorme qu'elle ne se permettait pas de le verbaliser. À deux jours du sommet, on se prit la montagne sur la tronche. Au sens premier de l'expression. Une avalanche balaya tout notre matériel d'altitude entreposé au camp 3. Un souffle de neige qui anéantit nos rêves en quelques secondes. Dans *K2 – Une journée particulière*, j'interrogeais finalement l'himalayisme à l'aune du hasard et du destin. Aporie, me répondit un ami philosophe.

ET DE TREIZE !

Pour capter à nouveau Sophie dans le viseur de ma caméra, il ne me restait de toute évidence qu'un seul sommet. Celui qu'elle gravirait en dernier pour coiffer la couronne des quatorze 8000. 2017-2022, Sophie était devenue une *pro* de l'Himalaya. Ne disposant pas de fortune personnelle, elle avait osé quitter son job pour consacrer son temps et son énergie à s'entraîner, monter les projets, trouver du financement, partir en expé. Une abnégation sans faille. Secrètement, j'espérais que sa dernière ascension serait celle du Shisha Pangma justement, où elle devait retourner pour gravir le sommet principal. J'aurais trouvé une certaine élégance à filmer à nouveau Sophie sur la montagne de notre rencontre. Collectionnant les sommets, assumant la pression qui s'accentuait insidieusement en se rapprochant du trophée, Sophie montait la barre. De mon côté,

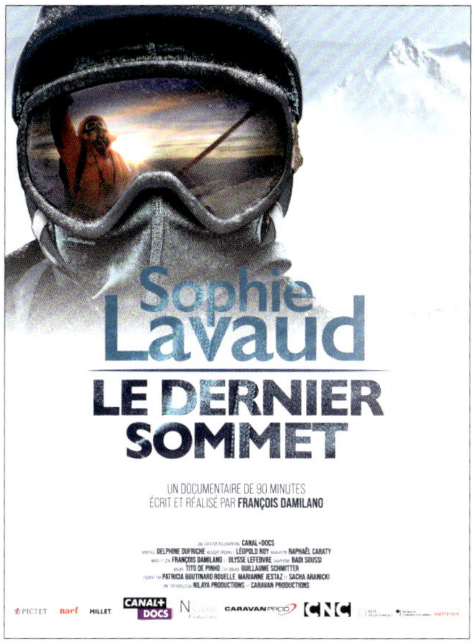

j'avais précédemment misé pour voir, cette fois je faisais tapis. Ce troisième film serait à la hauteur de l'ambition désormais annoncée. Il devint mon obsession, une réflexion vitale. Je devais montrer l'étrange symbole qu'elle devenait. Je voulais y mettre tout ce que l'Himalaya m'avait appris, tout ce que Sophie avait induit dans mon regard sans même s'en rendre compte. En compagnie de la star norvégienne Kristin Harila, Sophie était au sommet du Shisha le 26 avril 2023. Au pas de course et dans des conditions rocambolesques de négociations pointues avec les autorités chinoises, elle cochait son treizième 8000. Depuis longtemps, Sophie n'était plus une suiveuse. Au Shisha 2023, elle gagnait le respect de tous. Même les grincheux commençaient à cesser de maugréer. Aucun Français n'avait dépassé ce chiffre. Restait le Nanga Parbat. Le Roi des sommets, comme le nomment les Pakistanais. Je préparais à nouveau le matériel de tournage.

LE DERNIER SOMMET

Le 26 juin 2023, avec mon ami Ulysse Lefebvre, nous filmons Sophie et Sangay au sommet du Nanga Parbat. Sur la cime de l'un des plus redoutables 8000, nous passons 12 minutes. Ulysse raconte : « Douze minutes, pas une de plus. Ce n'est pas la scène idéale de climax himalayen. Nous sommes évidemment épuisés, peu dégourdis du ciboulot, engoncés dans nos combinaisons et en pleine errance dans cet état cotonneux de la haute altitude. Je déambule de droite à gauche sans savoir où pointer ma caméra. Le vent gifle par rafales. Le froid fige. Le paysage est gommé par cette bande horizontale de nuages blancs. Aucun sommet visible. Sophie relève son point GPS pour prouver son sommet. On filme tant bien que mal. La scène est un peu décousue. Ou bien est-ce notre esprit qui s'effiloche ? Pourtant tout était bien calé, on l'avait répété cent fois cette scène du sommet avec la photo, puis la vidéo, la joie, le plan serré sur le visage, puis le plan large. Tout ça est oublié. Aucune mise en scène finalement, juste la saveur de la réalité. » Clap de fin. Quelle histoire !

Le Shisha Pangma en 10 dates

1850
La montagne est repérée par des Européens, et nommée Pic XXIII.

1922
Évocation du massif montagneux dans un article de l'alpiniste-explorateur britannique Bill Tilman dans le *Geographical Journal*.

1958-1959
Tintin au Tibet paraît en feuilleton. Le dessinateur Hergé situe l'action en Himalaya, et particulièrement dans le massif du Gosainthan, c'est-à-dire du Shisha Pangma.

1964
Première ascension revendiquée par dix membres d'une expédition chinoise.

1982
Au sein d'une expédition britannique légère, Doug Scott signe en style alpin la première ascension de la face sud-ouest du Shisha Pangma.

1987
Le 18 septembre, les Polonais Artur Haizer et Jerzy Kukuczka réussissent la première ascension en style alpin du sommet ouest (via l'arête sud-ouest). Ils rejoindront leurs compagnons, dont Wanda Rutkiewicz le même jour, signant avec eux la première traversée entre sommet central et principal. C'est le quatorzième 8000 pour Kukuczka.

2004
Jean-Christophe Lafaille réussit le 11 décembre la première ascension hivernale « météorologique », qui plus est en solitaire et par une nouvelle combinaison de voies en face sud-ouest. Polémique pour savoir si cette ascension peut être qualifiée d'hivernale, puisque hors de la période calendaire 21 décembre-21 mars (alors même que le permis d'ascension est tamponné « hivernal » par les autorités népalaises).

2005
Première hivernale « calendaire », le 14 janvier, par l'Italien Simone Moro et le Polonais Piotr Morawsky.

2006
Malgré l'absence d'allusion au contexte politique, l'album *Tintin au Tibet* devient un emblème de la cause tibétaine au tournant des années 1990, dans la mesure où il contribue à faire connaître ce territoire et entretenir un imaginaire. À ce titre, le Dalaï-Lama décerne le prix *Lumière de la vérité* à la fondation Hergé.

2012
Sophie Lavaud parvient à l'antécime ouest (8 013 m) au sein d'une équipe suisse. C'est sa première incursion au-dessus de 8 000 mètres. Elle reviendra au Shisha Pangma en 2023 pour réussir le sommet principal, le seul qui compte dans la collection des quatorze 8000.

14 SHISHA PANGMA
LA RENCONTRE

Ci-dessous : Les parois sommitales du Shisha Pangma avec la grande traversée en face nord-est permettant d'atteindre le « vrai » sommet.

Shisha Pangma

FACE NORD-OUEST PUIS ARÊTE NORD

Depuis Katmandou (où sont réceptionnés les permis d'ascension et les visas), une journée de route mène à la frontière tibétaine avant de poursuivre jusqu'au camp de base parking (5 050 m). Une ou deux journées de marche (18 kilomètres, portage par yacks) permettent de rejoindre le camp de base (5 600 m). Il faut ensuite longer la moraine rive gauche pour traverser et remonter le glacier afin de rejoindre le camp 1 (6 400 m). Le camp 2 (6 900 m) est installé sur le plateau supérieur, en apparence anodin, mais crevassé. Camp 2,5 intermédiaire éventuellement (7 100 m) à l'extrémité du plateau avant la raide montée du couloir qui mène au camp 3 (7 300 m) sur une petite épaule exposée au vent. *Summit push* par le début de l'arête nord du sommet central avant de bifurquer en face nord-est pour atteindre le sommet principal.

LE CARNET DE SOPHIE

Expé expresse

Printemps 2023. Nous sommes la première équipe depuis 2019 à recevoir une autorisation d'ascension pour le Shisha Pangma et à passer la frontière chinoise... moyennant de longues négociations et une facture exorbitante.
Kristin Harila est la cheffe de notre quatuor féminin. Tic-tac-tic-tac, Kristin est pressée, elle est là pour battre un record. Celui de l'ascension des quatorze 8000, qu'elle a annoncé pouvoir gravir en moins de six mois. Les règles des autorités chinoises pour cette exceptionnelle autorisation sont claires : acclimatation, oxygène, sherpas et cordes fixes obligatoires. Lenteur et lourdeur logistique qui contrastent avec le style habituel de Kristin.
Tic-tac-tic-tac. Deux jours et dix *check points* plus tard, nous atteignons le parking du camp de base au bout de la piste traversant ce plateau tibétain si aride. J'avais oublié comme c'est beau. La logistique de l'expédition peine à se mettre en place. Les *yakmen* expliquent que leurs bêtes n'ont pas travaillé depuis trois ans : « *They are fat and lazy.* »[1]
L'alcool et les offrandes pour la *puja* tardent à arriver. Kristin ne veut pas attendre. La pression monte. Discussions, tergiversations. Tenjen Lama, le sherpa de Kristin, organise une bénédiction avant que la cordée ne file vers le camp 1. Nous suivons le lendemain. C'est dur. Nous sommes tôt en saison, le froid est vif et le vent fort. Personne n'est acclimaté, mais Kristin veut monter vite pour tenir son planning des quatorze. À 7100 mètres, le vent violent nous contraint à un repli. Le destin est de mon côté en imposant cette rotation d'acclimatation...
Tic-tac-tic-tac. À peine redescendue au camp de base, Kristin est prête à repartir. Les sherpas refusent, ils ont besoin de repos. La tension monte.
Après moult palabres avec les autorités chinoises, nous sommes dix à quitter le camp de base ce matin du 23 avril. La météo est incertaine et glaciale. Sur le plateau à 7000 mètres, le brouillard et de violentes rafales nous aveuglent. Nous tournons en rond.
Impossible de continuer. En pleine tempête, nous plantons nos deux tentes au milieu de nulle part. Le vent est si violent que nous craignons qu'elles ne soient arrachées. Nous nous blottissons à cinq dans des tentes prévues pour deux ! La nuit va être longue ! Rester calme. Les minutes, les heures, s'égrènent, entassés dans cette petite tente qui claque au vent et nous donne la migraine.
Tic-tac-tic-tac. Camp intermédiaire 2,5. Impossible d'atteindre le camp 3 et impossible de tenter le sommet comme prévu. Le vent violent s'est levé à nouveau et nous cloue dans nos tentes. Tenjen Lama tente un départ vers 4 h. Pour voir. La radio crépite à 6 h : « *No wind above 7600. Go, go!* ». Sortir des tentes, passer le premier mur en glace, attaquer la longue traversée exposée et dangereuse en direction du sommet.
À mi-pente, l'équipe de tête est à l'arrêt. Plus assez de corde pour continuer de sécuriser la montagne comme imposé par les autorités...
Tic-tac-tic-tac. Pour Kristin, il est hors de question de faire demi-tour. L'officier de liaison chinois est loin derrière nous. Tant mieux, ça nous évite les discussions. Tenjen Lama prend la tête et avance inexorablement. C'est un travail titanesque qui m'impressionne.
Le 26 avril 2023 à 15 h 15, nous atteignons le « vrai » sommet du Shisha Pangma. Sentiment de privilège, montée d'émotions.
Malgré les contraintes chinoises, la lenteur administrative, les règles imposées, cette expédition est paradoxalement la plus courte que j'ai vécue sur les 8000. Seize jours seulement.
Tic-tac-tic-tac. Lorsque je redescends au camp de base, Kristin est déjà partie... Tic-tac-tic-tac.
Ce lieu est si beau, je serais bien restée encore un peu. Moi, j'aime prendre mon temps.
Sommet atteint le 26 avril 2023.

14

[1] « Ils sont gras et fainéants ! »

8000

Remerciements François Damilano

Isabelle Fortis et Marion Blanchard pour leur enthousiasme dès la genèse du projet.
Françoise Rouxel, pour son indéfectible soutien, ses relectures répétées.
Pour leurs renseignements, leurs échanges, leurs éclairages toujours pertinents :
Blaise Agresti, Joséphine Damilano, Anselme Baud, Marie Millet, Éliane Patriarca, Rodolphe Popier, Serge Koenig, Nima Nuru Sherpa, Thaneswar Guragai
Sans oublier la société Millet pour la cordée que nous formons depuis 40 ans.

Remerciements Sophie Lavaud

Adidas Eyewear - Raphael Lustenberger / **Air'n Outdoor** - Fabricio Cavalca / **Algorigin** - Renaud Langel / **Altitude Eyewear** - Eric Baraffe / **Bächli** - Patrick Goeringer / **Banque Raiffeisen Genève Rive Gauche** - Fabien Rey / **Blue Sky Treks and Tours** - Ghulam Muhammad / Philippe Bourgine / **Caravan Prod** - Sacha Aranicki / **CAS Genève** - Gaston Zoller / Bertrand Carlier / Grégoire Chéron / **Clinique Cécile** - Jean-Claude Chatelain / **Copré** - Nadia Yousfi / Françoise Curutchet / **Danone** - Laurent Sacchi / Dawa Sangay Sherpa / Alexandre du Sartel / **FAMSA** - Bernard Sabrier / **Fond du Sport** - Christiane Jolissaint / **Fondation Patrimoine «Immobilière»** - Bénédicte Montant et les membres du conseil de fondation Patrimoine, Isabelle Pilet / Yan Giezendanner / **Grivel** - Oliviero Gobbi / Christophe Hentsch / **Immobilière Romande** - Philippe Büschi, Valérie Holz / **Institut futura21** - Chantal Marino, Alyda Canal / **Kobler & Partner** - Kari Kobler, Andreas Neuschmid, Nima Chhiring Lama / **La Colline** - Jean-Luc Ziltener / Christine Lamarche / Pierre Lavaud / **Led Lenser** - Thierry Grand / **METT** – Muhammad Ali, Mehdi Jan / **Migros Genève** - Martial Pidoux / Thierry Lombard / **Millet** - Romain Millet, Thomas Veillard, Pierre Desmottes, Frédéric Fages / Caroline Monbaron / **Naef** - Etienne Nagy, Virginie Galland, Jacques Emery / **OGSO** - Tom Seidensticker / Maya Page-Feuz / **Petzl** - Alexandre Autexier / **Preglem-Gedeon Richter** - Ksenija Pavletic / **Priority Freight** - Stuart Stobie, Gareth Williams / **RECCO** - Didier Tichadou / **REYL Intesa Sanpaolo** - Dominique Reyl, François Reyl, Jérôme Koechlin, Lisa Röösli / Nicole Schmid-Bonadei / Shamyl Sharafat Ali / **Sept Finance** - Sebastien Retord, Angeline Barbier / **Seven Summit Treks** - Taneswar Guragai, Mingma Sherpa, Chhang Dawa Sherpa, Kalpana Rai / **Sport Quest** - Sebastien Grossini, Johann Ferré / **Teamwork SA** - Philippe & Valérie Rey-Gorrez / **Tingerlaat** - Carole Vallée / **Tridex** - Oury Ymar / Jean-Marc Della Volpe / Nicolas Hafner / Yves Lambert / Lara Mauguin.
Chacun d'entre vous avez contribué à la réalisation de ce grand rêve. 8000 mercis. Un merci spécial à François Damilano qui a su capter mon histoire à travers ses caméras et par sa plume.

naef

Crédit Photos
Viridiana Alvarez (coll. S. Lavaud) : p. 128.
Otto Block (coll. S. Lavaud) : p.78.
Yuri Contreras Cedi : pp. 31 **(coll. F. Damilano)**, 150 **(coll. S. Lavaud)**.
François Damilano : pp. 2 (bas), 7, 9, 19, 25 (coll.), 27, 35, 95, 97, 102-103, 110, 115, 131, 132-133, 157, 159.
Ralph Dujmovits : pp. 46, 88.
Sophie Lavaud : pp. 10, 14-15 (coll.), 16-17, 22, 23, 26, 28-29, 32, 34, 38-39, 42-43, 44-45, 47, 52-53, 56-57, 58, 64-65, 69, 70, 71, 79, 80, 85, 86-87, 89, 90, 91, 98, 99, 100 (haut), 112-113, 116-117, 122-123, 125, 126-127, 129, 135, 138, 139, 140, 142-143, 145, 146-147, 148, 151, 152-153, 155, 158.
Ulysse Lefebvre : pp. 2 (haut), 105, 106-107, 108, 109, 111, 119, 120.
Hubert Odier (coll. F Damilano) : pp. 92-93.
Dawa Sangay Sherpa : pp. 12, 20-21, 36, 48-49, 55, 59, 60-61, 62, 63, 82-83, 118, 130, 136-137.
Dendi Sherpa (coll. S. Lavaud) : p. 81.
Na Dorchi Sherpa (coll. S. Lavaud) : p. 51, 101.
Lakpa Temba Sherpa (coll. S. Lavaud) : p. 100 (bas).
Pema Tshering Sherpa (coll. S. Lavaud) : p. 50.
Gesman Tamang (coll. S. Lavaud) : pp. 72-73.
Csaba Vaga (coll. S. Lavaud) : p. 41.
Guillaume Vallot : pp. 24, 67.
Ester Wenger (coll. S. Lavaud) : p. 76.
Thomas Weyermann (coll. S. Lavaud) : p. 75.

Conception graphique : Michel Barthelemy
Prépresse : Glénat Production
Infographie : Murielle Dubois

Couvent Sainte-Cécile - 37, rue Servan - 38000 Grenoble - www.glenat.com
 - **Dépôt légal :** septembre 2024 - **ISBN :** 978-2-344-06012-4
Achevé d'imprimer en France en août 2024 par Imprimerie Chirat sur papier provenant de forêts gérées de manière durable.